近现代广西园林造园艺术研究

孟妍君 / 著

吉林人民出版社

图书在版编目 (CIP) 数据

近现代广西园林造园艺术研究 / 孟妍君著 . –– 长春：
吉林人民出版社 , 2021.7
ISBN 978–7–206–18337–9

Ⅰ . ①近… Ⅱ . ①孟… Ⅲ . ①园林艺术 – 研究 – 广西
– 近现代 Ⅳ . ① TU986.626.7

中国版本图书馆 CIP 数据核字 (2021) 第 150001 号

近现代广西园林造园艺术研究
JIN XIANDAI GUANGXI YUANLIN ZAO YUAN YISHU YANJIU

著　　者：孟妍君	
责任编辑：赵梁爽	封面设计：吕荣华

吉林人民出版社出版 发行（长春市人民大街 7548 号）　邮政编码：130022
印　　刷：三河市华晨印务有限公司
开　　本：710mm × 1000mm　　1/16
印　　张：8　　　　　　　　　　　字　　数：180 千字
标准书号：ISBN 978–7–206–18337–9
版　　次：2021 年 7 月第 1 版　　　印　　次：2021 年 7 月第 1 次印刷
定　　价：49.00 元

如发现印装质量问题，影响阅读，请与印刷厂联系调换。

在中国园林漫长的发展过程中，造园艺术不断地与诗、书、画、雕刻等多种艺术门类互相交融，并且逐渐形成了三大园林体系，即黄河流域的北方皇家园林、长江流域的江南园林、珠江流域的岭南园林。以往，在园林研究中，很多学者比较关注北方皇家园林和江南园林，但随着岭南地区经济文化的发展，岭南园林的历史地位已经越来越被学者所重视。

岭南，是指中国南方的五岭之南的地区，相当于现在的广东、广西全境，以及湖南、福建等省的部分地区。五岭由越城岭、都庞岭、萌渚岭、骑田岭、大庾岭五座山脉组成，大体分布在广西东部至广东东部和湖南、江西等省（区）交界处。在建筑学上，对岭南地区范围的理解主要有广义和狭义之分。我们这里所说的岭南园林指古典岭南私家园林，以珠三角为中心，覆盖两广、福建、台湾等地，包括广东园林、广西园林、福建园林、台湾园林、海南园林等。广西属岭南地区，广西园林为岭南园林的一个分支。

"山水"二字统指自然空间中的山、水，不指具体的山、水，而是涵盖了"自然"之意。同时，中国传统的"山水"概念还具有极其丰富的文化内涵，它起源于人们对自然的崇拜，并在漫长的历史发展过程中不断演绎与发展。孔子在《论语·雍也》中说："知者乐水，仁者乐山。"山水文化里蕴含着中国古典诗词中的山水才情、水墨画中的山水情结、古典园林中的山水雅致。山水文化所植根的人文土壤，无论是山水画、古典诗词，还是古典园林理论，都有着传统的东方审美情结。广西喀斯特地貌形成了部分市郊及山区的群山自然景观，甚为壮丽；形成了石峰秀奇古怪、水网交织密布的山水自然景观；地貌特征形成的山脉绵延，加之覆盖程度广的古树花木，山水文化成为广西建造园林的先天优势。

　　本书通过对广西三大古典园林历史造园活动的探索、山水文化对广西造园的影响，及对现存实例中不同时期的风景建筑分别作研究分析，对广西造园特色进行探讨研究，从中汲取具有明显地域特色的造园理法和技巧，以及具有鲜明的时代特色的园林文化，应用于广西现代城市建设之中，为广西园林能更好地继承地方历史文化精华、传承园林地域特色探索出正确的道路。

孟妍君

2021 年 3 月

近现代广西园林造园艺术研究

目 录

近现代广西园林造园艺术研究

第一章

广西园林概述

第一节　广西园林在中国古典园林体系中的地位

园林最初称为苑、囿。公元前 11 世纪，周文王筑灵台，可以说是有文献记载的最早的园林。此时的园林功能仅限于给王公贵族狩猎之用。到了秦汉时期，出现了被后世称为"秦汉典范"的皇家园林模式。

魏晋南北朝时期是思想文化和艺术上产生重大变化的时代，这些变化也引起了园林创作的变革。当时经济衰退、战火不断，文人和士大夫受到佛、道出世思想的影响，以隐居为高雅。人们开始按照富有诗情画意的主题思想来构造园林，于是私家园林开始兴盛。著名的私家园林有北方石崇的金谷园、南方湘东王萧绎的湘东苑等。寺庙园林也在此时兴盛，正所谓"南朝四百八十寺，多少楼台烟雨中"。

隋唐时期是中国古典园林的全盛时期。唐朝是我国封建社会的一个黄金时代，这一时期，国力昌盛，经济繁荣，文学艺术也蓬勃发展。在这样的历史背景下，中国古典园林的发展也相应地进入了全盛时期。当时比较有代表性的园林有庐山草堂、浣花溪草堂、辋川别业等。

宋代，随着市民文化的发展，园林艺术也日益普及。人们一般把宋元明清称为园林艺术的成熟鼎盛期，而成熟的最显著标志就是园林的普及。据北宋李格非《洛阳名园记》中记载，他亲自游历过的洛阳名园就有 19 处之多，至于江南的私家园林数量更多。

明清园林继承唐宋园林的传统，在造园艺术和技术方面都达到更为成熟的境界，并基本形成了北方的皇家园林、江南的私家园林、岭南庭园三种地方风格园林形式。在这一时期，园林由以往的写实与写意相结合的创作方法，转化为以写意为主。从现存的苏州园林，我们可以看到这一发展脉络。

清代中叶，我国出现了皇家园林的修建高潮。而鸦片战争之后，我国国力渐衰，园林艺术也就逐渐进入了一个没落的时期。

纵观古今，中国古典园林已有三千多年的历史。隐逸之风和山水美学盛行，加上庄园经济的成熟，士族们相地卜宅，陶醉于自然山水之中。"无论北方士族或者当地士族都向山林川泽进军，形成了许多结合于山泽占领而有山、有水的庄园，当时称之为'别墅''墅''山墅'"。据记载，当时的名园有石崇的金谷园、潘岳的庄园、陶渊明的小型庄园等。

隋唐时期，别墅园也由魏晋时期的别墅庄园而发展成别墅园林。在此时期，别墅园林发展成可游览休闲的模式，从庄园的经济模式转化为观景的园林模式。王维的辋川别业堪称当时山水别墅的典范。

广西属岭南地区，广西园林为岭南园林的一个分支，其形成基于地大物博的中国所拥有的自然山水环境，其发展是对中国古典园林文化的一脉相承，其形式深受中国古典园林文化的深刻影响。

第二节　广西园林的历史地位和历史价值

在中国园林漫长的发展过程中，造园艺术不断与诗、书、画、雕刻等多种艺术门类互相交融，并且逐渐形成了三大园林体系，即黄河流域的北方皇家园林、长江流域的江南园林、珠江流域的岭南园林。以往，在园林研究中，很多学者比较关注北方皇家园林和江南园林，但随着岭南地区经济文化的发展，岭南园林已经越来越被学者所重视。"虽然岭南造园实践在古代远不及中原繁盛，但明清以后，随着岭南地区经济水平的提高，造园活动开始兴盛起来。岭南文化是粤港澳三地的共同底色，广州又是通关口岸，中西文化的碰撞、交融，使岭南园林受西洋文化的影响最多，甚至在园林规划布局上也有模仿欧洲规整式园林的做法"。

清中晚期及民国时期是广西开始面临中西方文化交融的历史时期，也是广西园林历史上建设较为集中的时期。雁山园、明秀园始建于清朝晚期，谢鲁山庄建于民国初期，此后在中华民国时期及中华人民共和国成立以后都有营建、修缮的历史。本书通过对广西三大古典园林历史造园活动的探索，及对现存实例中不同时期的建设分别作研究分析，对广西造园特色进行较准确的定位、总结，从中汲取具有明显地域特色的造园理法和技巧，以及具有鲜明时代特色的园林文化，应用于广西现代城市建设之中，为广西园林能更好地继承地方历史文化精华、传承园林地域特色探索出正确的道路。

一、岭南的概念

岭南，指中国南方五岭之南的地区，相当于现在广东、广西全境，以及湖南、福建等省的部分地区。五岭由越城岭、都庞岭、萌渚岭、骑田岭、大庾岭五座山脉组成，大体分布在广西东部至广东东部和湖南、江西等省（区）交界处。在建筑学上，对岭南地区范围的理解主要有广义和狭义之分。"广义来说，广东、海南全省，福建泉州、漳州以南，广西东部桂林以南如南宁、北海等地区，属于岭南范围。狭义来说，则指广东珠江三角洲地区，包括肇庆、汕头、湛江和香港、澳门地区"。本书是以广义的解释为基础来探讨岭南园林的。

岭南的大部分地区属亚热带季风气候，高温多雨为其主要气候特征，全年气温较高，雨水充沛，林木茂盛，四季常青，植物资源非常丰富。岭南地貌在历次地壳运动中，形成了山地、丘陵、台地、平原等地形。岭南地貌类型复杂多样，既有水网纵横的平原，也有丹霞地貌、喀斯特岩溶洞穴。

岭南地区拥有较长的海岸线和较早开放的港口，明代至清中期，是古代岭南最繁荣的时期，广州成为当时最大的商业城市之一。

二、岭南园林涵盖的范围

这里所说的岭南园林指古典岭南私家园林，以珠三角为中心，覆盖广东、广西、福建、台湾等地，包括广东园林、广西园林、福建园林、台湾园林、海南园林等，其中广东园林以珠江三角洲的岭南四大名园为代表，即余荫山房、清晖园、可园、梁园，还包括梅县的人境庐、潮阳的西园及开平的碉楼；广西园林以雁山园、明秀园、谢鲁山庄为代表；福建园林以福州桂斋、厦门私园、观海别墅为代表；台湾园林以台南吴园、归园、板桥花园为代表。

三、广西自然景观概况

广西喀斯特地貌形成了部分市郊及山区的群山自然景观，甚为壮丽；岩溶峰林地貌与珠江水系一脉相承，形成了石峰秀奇古怪、水网交织密布的山水自然景观。地貌特征形成的山脉绵延，加之覆盖程度广的古树花木，二者亦成为广西建造园林的先天优势，如修建于民国时期的广西谢鲁山庄，其巧妙地选址于陆川县的幽静山林之中，山形秀丽、古木森森的山林环境成为园内随处可见的天然美景，园外杂树参天，繁花覆地，竹里通幽，松寮隐僻，自取一切组成园林景观。

第二章

山水文化与广西造园

第一节 "山水""山水城市"概念解析

一、"山水"释义

"山水"统指自然空间中的山、水，而不指具体的山、水，涵盖"自然"之意。同时，中国传统的"山水"概念还具有极其丰富的文化内涵，它起源于人们对自然的崇拜，并在漫长的历史发展过程中不断演绎与发展。孔子在《论语·雍也》中说："知者乐水，仁者乐山。知者动，仁者静。知者乐，仁者寿。"这里的山与水指的仍是自然界中的山川与河流，但被孔子赋予了"仁与智"的人格精神。"山水"作为一个词语，由西晋陈寿提出："吴、蜀虽蕞尔小国，依阻山水……据险守要，泛舟江湖，皆难卒谋也。"在这里，陈寿只是将"山"与"水"并为一词，此时所说的山水依旧是自然界中的山川河流。而真正将"山水"一词意境升华的是南朝诗人谢灵运，其诗"昏旦变气候，山水含清晖"写出了山水的轻灵、风流与淡雅，道出了山水一词的人文色彩。

在山水正式从哲学的自然观中独立成纯粹的审美对象之前，有关山水的书写并非全然毫无踪迹可寻。《诗经》中的零散景物、楚辞作家宋玉的《高唐赋》、嵇康的《释私论》、郭象的《庄子集释·大宗师》等文献对山水的描述皆有助于提升其自身内涵的丰富度。就目前的文献资料而言，"山水"首次真正突破两者的相对关系而铸造成一个复音新词是在西晋陈寿的《三国志》中："吴、蜀虽蕞尔小国，依阻山水"中。

随后，东晋时期，孙绰《三月三日兰亭诗序》中的"屡借山水，以化其郁结"，王徽之的"散怀山水"，《世说新语》中的"此子神情都不关山水，而能作文"，庐山诸道人《游石门诗序》中的"其为神趣，岂山水而已哉"，《晋书》中的"登临山水，经日忘归"和"与东土人士尽山水之游"，以及山水诗人开创者谢灵运《游名山志序》中的"夫衣食，生之所资；山水，性之所适"等文献皆表明"山水"已正式出现在诗人的视野，它们被当成一种审美对象，从而进入了抒情咏物的全新时期，以山水为代表的中国风景思想恰在此时被逐步建立起来。

中国古代都城规划主要有两种规划思想：《周礼·考工记》的"礼制等级"，强调"宫城居中""对称布局"；《管子》的"顺应自然"原则，主张"因天材，就地利"。有关中国古代城市建设的重要著作《管子·乘马》记载："凡立国都，非于大山之下，必于广川之上。高毋近阜而水用足，下毋近水而沟防省。"《管子·度地》中也提及："故圣人之处国者，必于不倾之地，而择地形之肥饶者。乡山，左右经水若泽。"可见"山水"代表"自然"和"地势"，在中国古代城市建设中具有重要地位，影响着中国古代国都、城市的选址。以六朝古都南京为例，公元232年，吴孙权在此建都，改秣陵为建业，此后东晋，南朝的宋、齐、梁、陈、南唐、明、太平天国、中华民国均相继在此建都。南京城为我国典型的不规则形都城，三面环山，一面临江，依山就势，顺其自然布局建设。

中国古代城市选址时，通常会将自然山水环境作为考虑的主要先决条件。在生产力低下的古代，自然山水条件决定了城市的存在方式。中国著名的风景旅游城市——广西桂林市，可以说是一个典型的山水城市类型。从《临桂县志》的记载中，我们可以大致领略到桂林城的山水格局："临桂为西南都会之首，广袤百余里，襟山带河，形胜回固，镇南叠彩障其北，七星屏风拱其东，雉山南溪峙其南，宝积西山控其西，独秀直耸中城……山川奇甲天下……洵足领袖三江冠冕百粤也。"

二、山水城市的提出

1992年10月2日，钱学森在给顾孟潮的信中提到了"山水城市"，信中说："现在我看到，北京市兴起的一座座长方形高楼，外表如积木块，进去到房间则外望一片灰黄，见不到绿色，连一点点蓝天也淡淡无光。难道这是中国21世纪的城市吗？"从此信内容可看出钱学森对北京城市发展中传统文化和建筑特色流逝的感慨和不满，并寄希望于建设山水城市以解决城市发展中的种种问题。

山水城市要充分体现中国的传统文化。孔子提出"知者乐水，仁者乐山"，将君子之德以山水比拟。老子主张无为而治，道法自然，强调遵循自然规律做事。庄子传承老子的山水观，提出"天地有大美"的自然美思想。中国古代圣贤的哲学思想是中国传统文化的精髓，对如今山水城市的建设仍然具有重要的指导价值。同时，中国自古就重视山水景观的营造，并结合风水学思想进行城市的选址和建设，这虽然带有封建迷信的色彩，但其中朴素的自然观也是值得借鉴和思考的。历史悠久的传统文化定义了"山水"在中国人心目中的地位，"城市"与"山水"共同造就了中国古代人居环境的理想模式，也形成了独具中国特色的"山水文化"。

中国对山水城市的概念研究还处于模糊不清的思辨阶段，远没有形成具有中国特色的山水城市理论体系。构建山水城市理论体系，一方面需要对中国的传统文化和造城哲学进行深入的研究，以中国的城市文化（历史文化、生态文化、科技文化、艺术文化和城市民生）为特色对山水城市进行理论阐述；另一方面需要充分借鉴现代主义城市提倡的科学理性观，把最新的科学技术运用于山水城市的建设实践之中。城市是一个超级复杂的有机体，只有依靠现代主义的理性精神，才有可能系统性地安排城市的居住、工作、交通、娱乐等各项功能。

中国城市发展借鉴了西方现代城市规划思想，但也由此导致了我国在现代化建设的洪流中慢慢丧失了城市的建筑特色和文化内涵，"千城一面，万屋一貌"是中国城市面临的严峻现状。山水城市就是钱学森为改变此种现状而提出的城市发展理念。在山水城市的规划实践中，一方面要遵循城市的多样性原则，每座城市都具有自然环境和历史文化特色，山水城市要依地形地貌而建，充分挖掘地域历史文化元素并体现于城市建筑之中，建设形态多样、文化丰富的山水城市；另一方面，山水城市是新时期建设的"人民城市"，在规划中应跨边界整合多方力量。由于城市的多元、复杂和不确定性，进行跨边界的多主体沟通、协商不可避免。所以，山水城市规划应充分倾听政府官员、专家学者、社区居民等利益相关者的意见，形成充分体现民意和富有弹性的规划方案。

第二节 山水文化

对于山水文化的研究已成为当今重要的学术命题，东西方的学者都进行了大量研究。山水文化到底指什么？边留久认为山水文化是关于风景的思考，将风景作为客体再现的一种哲学思维方式。人们希望"从生活的连续性中突然消失或失去"，去寻找心目中的诗和远方。中国的"山水"比西方的"风景"早提出一千多年，大约在公元440年，宗炳（公元375—443年）的《画山水序》对"风景"进行了明晰的思考。魏晋名士寄情山水，陶渊明《饮酒·其五》中的"采菊东篱下，悠然见南山"内涵隽永，写出了人与自然的相融相生。"山水诗人"谢灵运的长诗《从斤竹涧越岭溪行》中的"情用赏为美，事昧竟谁辨？"则道出了最高级别的风景文化：美并非存在于大自然本身，真正产生美的是观察者自身的情感。因此，所谓风景，所谓山水，都是对整个自然的泛称，它充分体现了"自然"作为独立的审美客体出现在人们的视野中。

美国环境哲学家阿诺德·伯林特认为环境是一个复杂的综合体，是包含人和场所的统一体。笔者认为可将"山水"理解为环境，理解为人化的自然。"山水"意在空间，包含微观的场地精神及外延的地域主义态度。

欧洲文艺复兴于16世纪达到顶峰，带来了一段科学与艺术的革命，风景思想也在此时萌生了。此时的中国正处于明末清初，涌现了一批造园家、思想家，如计成、文征明、石涛等。"风景"一词最早出现在希伯来的《圣经·旧约》中，而在我国，"山水"一词在很长的一段历史时期内与"风景"同义。

一、根植于中国山水文化的诗意

"山水文化"设计理论与西方景观设计方法论最显著的区别在于它是根植于中国古典文化的设计方法论，"山水文化"里蕴含了中国古典诗词中的山水才情、水墨画中的山水情结、古典园林中的山水雅致。"山水文化"所植根的人文土壤，无论是山水画、古典诗词，还是古典园林理论，都有着传统的东方审美情结。

"诗情画意"是东西方设计理念之间最明显的差异，西方规划设计思想注重生态环境的实践开拓。"山水文化"在融汇中西方设计思想的基础上，更专注于诗境空间的营造，顺应自然，灌注传统人文文化。钱学森提出的"山水城市"不仅具有人与自然的和谐，还具有中国特有的文化精髓。钱学森旨在建议城市建设者从中国传统的山水诗、山水画和古典园林中汲取营养，建设具有中国特色的"山水城市"，设计不仅尊重自然生态意识，还注入人文情感和关怀的诗境城市。

"君子之所以爱夫山水者，其旨安在？丘园，养素所常处也；泉石，啸傲所常乐也；渔樵，隐逸所常适也；猿鹤，飞鸣所常亲也。尘嚣缰锁，此人情所常厌也。"中国文人自古就有着浓烈的山水情结，无论是诗人还是画家，山水既是他们的创作源泉，又是他们的精神追求。"采菊东篱下，悠然见南山"的闲情逸致，"遥望洞庭山水色，白银盘里一青螺"的恬静淡雅，均体现出诗人寄情山水之间的绝妙意境。

二、重返山水

诗意生活是中国古代文人所追求的生活状态，而我们耳熟能详的"诗意的栖居"，最早却出自诗人荷尔德林的诗作："人，诗意的栖居在大地之上"，后经哲学家海德格尔阐发为"诗意地栖居在大地上"。与西方的哲学表述方式有异曲同工之妙的是我国的山水田园诗。如陶渊明的"采菊东篱下，悠然见南山"，王维的"行到水穷处，坐看云起时""深林人不知，明月来相照"，都经典地表达了中国古代文人追求诗意生活的理想。

中国文化，自古诗画同源，究竟什么样的画最能表达"诗意栖居"的理想境界？宋代山水画论专家郭熙在《林泉高致》中的一段话给了我们很好的启迪："世之笃论，谓山水有可行者，有可望者，有可游者，有可居者，画凡至此，皆入妙品。"可居、可游的画境，是喜爱山水的人们满足自身精神欲望的理想境界。宋代画家王希孟的《千里江山图》，描绘的上百个村落形态多为可居可游之境，充分表达了中国人追求"诗意栖居"的美好愿望。

中国古典园林从最初的"秦汉典范""模山范水"到魏晋之后的文人山水园，始终和建筑、绘画、诗词、楹联等各种艺术形式密不可分。追求"诗情画意"的意境是中国园林区别于其他各国园林的造园特色。园林是山水诗、山水画意境在诗意人居环境建设中的具体体现。古代造园将山水诗和山水画融会其中，而"新山水"在中式古典造园的基础上，把诗画作品所特有的意境情趣经过现代设计手法布局，融合深刻的思想和巧妙的技法，带入当代园林景观的创作中来。

第三节　山水文化与诗意栖居

一、诗境栖居

回顾中国传统村落、城市的营建以及命名、选址、景观品题，无不体现诗意情怀，从中我们可以看到中国山水文化"诗意栖居"的现实表达。徽州唐模村建于清代，村中人工开凿"小西湖"，修建亭台楼阁、水榭石桥，遍植杨柳桃花，宛如一个诗意的世外桃源（见图 2-1）。据记载，浙江温州古城始建于东晋明序太宁元年（公元 323 年），是在地理学家郭璞亲自指导下选址建设的，"登西北一峰，见数峰错立，状如北斗……因城于山，号斗城"。这种"因天时，就地利"的建城模式实际上就是一种追求自然天性、物我两忘的理想境界，本质上就是"诗意栖居"的境界。

图 2-1　唐模村景
（图片来源：自摄）

距离桂林市 32 公里的灵川县九屋镇江头村，是一座沉淀着理学精髓的古村，在青山绿水之间，沁润荷香 600 余年。明洪武元年（公元 1368 年），北宋著名哲学家、理学创始人周敦颐后裔，从湖南省道县迁移至此，繁衍生息，开枝散叶。周敦颐的《爱莲说》脍炙人口，古村中也遍植荷花，展现了儒家爱莲文化。江头村采用了西高东低、坐西向东的布局，充分考虑了村落周边的山、水、田园、道路、古树。西面为居住区，东部有三条河流穿流而过，北面为景色秀丽的黄家坡，东西间开阔地带则为耕地。村落规划布局符合自然山水文化的选址，村庄山环水抱，绿树成荫，恬静的田园景象宛如陶渊明笔下的世外桃源。

二、画境栖居

苏轼诗云："诗画本一律，天工与清新。"所谓"诗画一律"，是说诗与画虽然是不同的艺术形式，但它们从根本上是相通的，所谓自然天成，无意而工，清新俊逸的风格历来被认为是诗文和绘画创作的最高境界。中国山水文化诗画同源，在山水画里潜藏的哲学、地理、历史和民俗等内容，影响了文人的生活和思维，可居、可游的画境是喜爱山水的人们满足自身精神欲望的理想境界，如宋代画家王希孟的《千里江山图》。

三、园境栖居

明中叶后，海禁渐开，随着江南地区经济高速发展，江南各地兴起蓬勃的造园活动。昆曲、茶饮、园林、诗酒风流、琴棋书画都环绕着这个栖居环境，江南地区趋向追求精致的生活风尚，追求生活品位的提升，在追寻精致审美的境界中，探索美好人生的意义。

明代晚期造园以山水画为宗旨，童寯曾说："中国造园首先从属于绘画艺术，既无理性逻辑，也无规则。"他还说："一座中国园林就是一幅动态三维风景画，一幅写意中国画。"山水画与园林有着不解之缘，甚至具有共同特点，许多园林的设计者本身就是山水画家，山水画就是园林的设计蓝图，如文徵明既是画家又是造园家，直接参与了拙政园的设计。园林有落地，山水画只呈现在纸上，但同属传统文人的构造活动，且都满足海德格尔笔下"诗意的栖居"之愿景。

第四节　隐喻与时空

山水元素在中国文化发展进程中是多维立体的，最直接的表达形式就是园林，它是人们诗意栖居的活动场所。园林包括物质载体，如亭台楼阁、花木泉石，也包括精神载体，如美学思想、哲学思维，在物质载体和精神载体之间存在一种隐喻的流动。隐喻的英文表达是"Metaphor"，古希腊哲学家亚里士多德在《诗学》中给出了隐喻的定义，即隐喻是通过将属于另外一个事物的名称用于某一事物而构成的。"隐喻是一种比喻，是用一种事物暗喻另一种事物。隐喻的本质是概念性的，是在彼此事物的暗示下感知、体验、想象、理解、谈论此类事物的心理行为、语言行为和文化行为。"而在中国文论中，隐喻也指言、象、意的象征关系。

隐喻具有文化属性，它可以继承传统文脉，彰显文化内涵。而景观隐喻就是通过这种文化内涵向人们传递景观的主题思想的。随着时代的发展，景观的表现形式不再局限于对自然的模拟，而是有更高层次的要求。而观赏者对景观的欣赏也不再仅仅满足于形式美的基本功能要求，而是追求更为高级的内在隐喻精神的和谐统一。要达到隐喻精神的和谐，而不是形体要素的和谐，因此隐喻在景观设计中的恰当应用成为值得人们关注的问题。

作为艺术的一种，文学是充满隐喻性的创作，文学语言是一种隐喻性的语言，隐喻是文学最根本的表达方式。隐喻常作为一种修辞语言或一种营造意境的手段，譬如人们赞赏梅花，会用"暗香"而不说"梅"字，其修饰手段便是隐藏梅花，即隐喻。钱锺书在《管锥编》中论述了诗歌语言的内在隐喻特性，"诗也者，有象之言，依象以成言；舍象忘言，是无诗矣，变象易言，是别为一诗甚且非诗矣"。闻一多在《说鱼》的开篇也就"隐喻"问题进行了探讨，他指出"喻有所谓'隐喻'，它的目的似乎是一壁在喻，一壁在隐"，意在探明"鱼"在中国文化中所具有的"隐喻"文化特征。

隐喻不仅仅是文学中常用的修饰方法，在景观中也常使用隐喻的表达方式。景观元素通常会向人们传递一种内在含义，通过它们，人们可以联想到景观背后的主题，如通过楹联、装饰小品、空间、植物等可以了解到整个景观背后隐喻的主题。装饰隐喻是我国园林隐喻表现手法中最常采用的一种方法，其表现形式直观，观感强烈。江南私家园林中，许多极具艺术化的门窗都是通过提取含有吉祥引申义的装饰元素来达到隐喻的目的，如扬州片石山房中的宝瓶形门、海棠形门、满月形门分别象征着平安吉祥、花开富贵、圆圆满满等美好寓意（见图2-2）。隐喻手法可以表现出栖居环境的意蕴，成为连接物质元素和人文精神

图 2-2　片石山房园门

（图片来源：自摄）

的桥梁，实现居游空间诗意情感的表达。

楹联是中国古典园林中的重要文化构成，在园林中处处可见书体隽美、耐人寻味、雅俗共赏的楹联珍品佳作。在艺术表达方面，西方写实，东方写意，西方园林侧重于形式与功能，而东方园林则更推崇景观意境的表达。文人、士大夫将其从自然、社会中感悟到的内心情思，借助楹联妙句感性地呈现在观者面前。观者对楹联符号有着解读与重新编码的兴趣，经由"传递与解读"，楹联符号向观者传递着文字背后的深意，进而强化了观者对景观中蕴藏的文化内涵的理解。扬州瘦西湖熙春台的楹联写道："胜地据淮南，看云影当空，与水平分秋一色；扁舟过桥下，问箫声何处，有人吹到月三更。"楹联描写的是扬州的自然风光，"胜地据淮南"，只字不提扬州，却又直指胜地，赞誉之情跃然纸上。

自然界的山石竹木水波烟云表现在山水画中是气韵的流动，这种气韵的流动看似虚无缥缈，实则贯通了画家、诗人、造园艺术家的身心之气，通过山石泉林的风景变幻，呈现出自然山水的诗意之境。中国有个词叫"气韵流畅"，说的是空间中存在着一种视而不见、触而不觉，但无所不在的气。从这一点上说，我们创造的空间应该是"流动的""诗意的"，既有外在直白的诗性，又有内在隐喻的诗性。周维权认为园林作品好似一部诗书、一曲乐章，游园者可借由园中景物与造园者完成一次思想共鸣。这也契合了钱锺书所言的中国传统美学精神之意蕴，"流连光景，即物见我，如我寓物，体异性通。物我之相未泯，而物我之情已契。相未泯，故物仍在我身外，可对而赏观；情已契，故物如同我衷怀，可与之融会"。

园林中植物的隐喻寓意大多起于漫长岁月中人们对植物观察所总结出来的植物特征。人们将情感与植物的隐喻品格组合在一起，形成人们传达美好寄托的一种艺术手段。在中国传统文化中，松、竹、梅被称为"岁寒三友"，这三种植物具有共同的隐喻品性。苍松遒劲挺拔，长青不败，在风雪交加的恶寒天气里也能屹立不倒，严寒中耸于高巅，象征着一种坚烈不屈、高风亮节的品性。"宁可食无肉，不可居无竹"，古往今来，文人墨客最为钟爱的植物品种之一就是"竹"。文人雅士以"竹节"隐喻自己的气节，很多诗词也以竹为题材——"未出土时先有节，便凌云去也无心""坚可以配松柏，劲可以凌霜雪，密可以泊晴烟，疏可以漏霄月"。因此，竹被看作是最有气节的君子，如拙政园中的梧竹幽居、《红楼梦》中的潇湘馆都布置了竹子，以竹喻人品。

"如时间有无始终，空间有无方所"，时间、空间、物质是各自独立的，还是相融相渗不可分的？这既是科学问题，又是哲学命题。后现代思想家亨利·列斐伏尔说："为了改变生活……我们必须首先改造空间。"中国古代园林艺术是空间与时间共同组合而成的艺术，是持续的、动态的景观形制；时空组合，形成四维立体景观维度。当观赏者顺着主要观赏的路径移动观赏时，这座园林就会向观赏者展现出步移景异、空间起承转合的视觉体验。以苏州沧浪亭为例，入口空间巧妙借园外河水，独树一帜。复廊将园内外的山与水有机地连在一起，在廊墙上开设一百多个漏窗以分隔内外景色，远借山近借水，拓展了游人的视觉空间。所谓"步步移"的流动的视角既是长卷山水画所应用的空间构成形式，也是"移步换景"的园林构景手法。

将隐喻与时空要素纳入景观表达，营造四维景观的最佳呈现，首推扬州个园。个园之所以叫"个园"，是因为园主爱竹，园中植有万竿绿竹，因竹叶形似"个"字，故而得名，同时园主用竹的生物学特性隐喻"宁折不弯"的君子品格。园中分别选用笋石、湖石、黄石和混杂石英的宣石来表达春山、夏山、秋山、冬山，四种石材四种堆叠手法，各具特色（见图2-3）。游人绕园一周，如经四季，于咫尺之间，让人感受四季轮回，时空变幻。

欧阳修名篇《醉翁亭记》中记载了滁州西南峰林秀美："朝而往，暮而归，四时之景不同，而乐亦无穷也。"山水之间的朝晖夕阴，四时变化的春花秋月，都带来无限的欢愉，可谓"醉翁之意不在酒，在乎山水之间也。山水之乐，得之心而寓之酒也"。山水，作为情感媒介，在自然与人之间，形成了气质的连接，使自然与人的气韵得以沟通，诗意栖居之境进而成为人们畅怀寄情的场所。

山水文化是我国传统文化的重要组成部分，它不仅仅是一种古代文人抒发情怀的渠道。隐喻也不仅仅是一种修辞方式，隐喻手法的运用能使设计超出纯粹的形式和色彩的表达，表现出山水空间中的意蕴。古代山水文化追求人与自然的高度融合与统一，独特的山水意境使中国人具有独特的精神气质、思维方式和价值观念。一旦有了隐喻，在园林形式上、空间上、植物配置上就构建了技术和人文文化的桥梁，实现了诗意情感的转译。面对现代景观设计艺术地域文化消逝、历史文脉的景观价值取向问题，我们需要重新找回传统文化的"隐喻"，隐喻是诗化的语言，是诗的本源，新山水空间的诗意表达需要隐喻手法的运用和传承。

图2-3 个园假山
（图片来源：自摄）

第三章

广西古典园林造园美学

第一节　晚清岭南园林发展的时代背景

1840年，第一次鸦片战争之后，新兴的西方列强用武力打破了中国清王朝数百年的闭关锁国之梦，从政治上、经济上、军事上开始了对中国的侵略。中国的黎民百姓从过去只承受以皇权为代表的封建主义的压迫和剥削，发展到承受帝国主义、封建主义、官僚资本主义的压迫和剥削，中国人民陷入更深的苦难之中。在第二次鸦片战争和甲午中日战争中，中方惨败更是加速了清王朝走向没落。

1911年辛亥革命爆发，以孙中山为代表的革命党人推翻了早已病入膏肓的清王朝，建立了中华民国。但是，胜利的果实很快又被以袁世凯为代表的军阀们所窃取，中国人民仍然生活在水深火热之中。

在清末民初这个特殊的历史时期，中国的上层富人（以皇室和军阀为代表）和下层穷人（以城市贫民和农村佃农为代表）之间形成了巨大的反差。一方面，富人们用巨资兴建庭园别墅，过着声色犬马的奢靡生活；另一方面，穷人家徒四壁，陷入缺衣少食的悲惨境地。社会矛盾的存在、演变和发展孕育着又一次革命的大爆发。

两广（即广东、广西两省）地处中国南部边陲，两省人民生活习俗相似、文化语言相通，加上地理位置相近，从而在政治、经济、文化等诸多方面都相互影响，关系紧密。在政治方面，清代设"两广总督"一职，将广东、广西划为一个行政区域。中华民国成立后，北洋政府设"两广巡阅使"，承袭清代旧例。在经济方面，广东、广西关系更为密切。

由于广东地处沿海，邻近港澳，工商业及金融业均较为发达，是中国近代民族资本主义发展的先行省份之一。而广西在各方面都比广东落后很多。广东在自身发展的同时，不时地给广西以适当的帮助。民国时期，广西境内市场上使用的银毫绝大多数是广东造币厂制作的"东毫"；广西市场上出售的商品，绝大多数是广西商人从广东采购回来的。广西对外的贸易出口绝大多数都是通过西江转道广东而进行的。在园林建设方面，广西桂林的"雁山园"和武鸣的"明秀园"与广东的各大名园都有着相通的岭南园林的"血脉"。

第二节 晚清岭南园林概况

清代私家园林经历了康乾的初始、嘉道的极盛、咸同光宣的盛极而衰三个阶段。清晚期（1840—1912年）历道光、咸丰、同治、光绪、宣统五帝，共72年。光绪、宣统时期，整个清庭危机四伏，朝不保夕，传统封建文化已是强弩之末，园林的营造也由盛而衰。大部分名园在晚清的太平天国运动、第二次鸦片战争、中日甲午战争、八国联军入侵等内外战争中备受摧残。

清同治以后，封建地主阶级借镇压农民革命所取得的权势掠夺土地和金钱，再次掀起了建造私家园林的高潮（见表3-1）。在这次民间造园的活动中，岭南风格异军突起，在中国古典园林史上形成了北方、江南、岭南三大风格鼎立的局面。

表3-1 部分晚清岭南园林年表

年代	园名	地点	备注
1825	遂初园	台南	郑志远所建宅园，已毁
1829	桂斋	福州	林则徐丁守父，在福州时重浚西湖，湖边建李纲祠，植桂两株，后人建林文忠公读书馆和禁烟亭
1830	吴园	台南	台湾四大古典名园之一，在枋桥头，园主是盐商吴尚新，园址据说是台湾最早的私家花园之主何斌的宅园（1658年），现存
1830	归园	台南	在竹仔街，吴氏宅园，仍存，与前者同称吴园

近现代广西园林造园艺术研究

年　代	园　名	地　点	备　注
约 1846	清晖园	广东顺德	原为明末状元黄士俊宅园，乾隆年间进士龙应时得，重修析产给儿子龙廷梓和龙廷槐，大概在 1846 年，龙廷槐归宁后为报母恩而重建所得部分，名清晖园。民国战争几毁，1959 年修复，20 世纪 90 年代再修，由原 3330 平方米扩至 19980 平方米
1849	潜园	台湾	台湾四大名园之一，在新竹，亦称内公馆，为林占梅私园
道光	梁园	佛山	内阁中书梁蔼如与其侄梁九章、梁九华、梁九图 4 人合筑，历时 40 余载，1983 年修复。4 人都是当地有名的文官、书法家和画家，面积 21260 平方米
道光	明秀园	武鸣	又称富春园，后被广西军阀陆荣廷占。园内充满南国风光，是广西著名宅园
1850	可园	东莞	官僚张敬修始建，原只有庭院部分 2204 平方米，现扩建为 19800 平方米，建筑呈连房博厦式及碉楼式
1851	卯桥别墅	台南	许逊荣所建宅园，已毁
1851	北郭园	新竹	郑用锡所建私园，已毁
1859	宜秋山馆	台南	在砖仔桥，吴氏宅园，亦称吴园，已毁
1861	兵头花园	香港	兵头花园是俗称，全称为香港动植物公园，是香港最大的动植物园
1865	沙面公园	广州	原为法租界的前堤花园和英租界的皇后花园，始建于 1865 年，1949 年由广州市人大常委接管后成为公众花园
1867	余荫山房	广州番禺	官僚邬彬始建，岭南四大古典名园中保存最完整者，1598 平方米。内有临池别馆、深柳堂、榄核厅、玲珑水榭、南薰亭、船厅、书房、小姐楼
1869	雁山园	桂林	又名西林花园，为邑人唐岳所建，以山、水、花木、建筑著称，是真山真水私园，现名雁山公园，山水全在，部分建筑仍存，面积 15 万平方米
1884	人境庐	梅县	爱国诗人、政治家、外交家黄遵宪（1848—1905 年）所建宅园，有无厅堂、七字廊、五步楼、无壁楼、十步阁、卧虹榭、息亭、鱼池、假山等，面积 500 平方米，以建筑为主

"咸丰、同治、光绪、宣统都无力挽救大局，园林在太平天国起义、小刀会起义、第二次鸦片战争、中日甲午战争、中法战争、义和团运动、八国联军入侵等内外交困中一次次受到摧残，大部分名园毁于一旦，尤以太平天国起义、第二次鸦片战争和八国联军入侵三次战役对中国园林的摧残最为严重"。

岭南地区的园林虽地处南疆，躲过了战火的摧残，但随着西方列强的入侵，西方文化的渗入，中国人在造园方面开始吸取西方园林的造园手法，特别是在广州这样对外开放程度较高的城市。岭南最早的欧式园林出现在沙面的洋房花园内，拱形门窗、铁枝花纹栏杆、彩绘玻璃等西式装饰元素被运用到园林中。

位于福建和台湾的大多数名园在清末的这几次战争及其后的抗日战争中被毁。地处广西桂林的雁山园则是在太平天国运动结束后开始兴建，在抗战期间，雁山园曾作为国民党军队放置军粮的处所，后大部分建筑毁于抗日战争。位于南宁武鸣的明秀园原名富春园，始建于清道光初年，园内古树参天，怪石嶙峋。民国初年，该园被广西大军阀陆荣廷买下，改名"明秀园"。谢鲁山庄原名树人书院，位于陆川县城南部山庄，建筑布局依照苏杭园林特色，依山而建，又保持着浓郁的乡风民俗。

鸦片战争的炮火打开了中国的国门，随之而来的是外国文化的涌入。西方传教士相继东来，洋务运动派赴欧美留学人员学成归来，都把国外先进文化技术带到了中国，这势必冲击到中国古典园林艺术。一些欧式的造园要素，如柱式回廊、巴洛克装饰纹样、罗马式的汉白玉雕刻、五彩玻璃的窗户等都融入中国古典园林中。在天津、上海、广州等沿海城市出现了中西结合的花园洋房式的园林样式。鸦片战争后，岭南地区成为与外界交流的前沿阵地，"岭南的园林匠师们综合了多元文化类别，灵活吸收，挥洒自如，综合运用民间工艺，如木雕、砖雕、石雕、陶瓷、灰塑等，兼收西洋造景手法，如拱形门窗、花瓶柱、规则的几何水体等，经过长期发展，形成了独特的、不拘一格的岭南园林艺术风格"。

第三节　广西古典园林美学思想

一、晚清时期岭南园林的美学思想

玉林陆川的谢鲁山庄依山构筑，迤迤而上，庄内亭台楼阁，回廊曲径，依山而建，造型幽雅别致。山庄所有房屋建筑均为青砖灰瓦，保持着浓郁的乡土建筑特色。山庄内部分建筑是中西合璧式，体现了当时特有的时代特色。谢鲁山庄地处玉林，玉林当时隶属广东省，而岭南地区自海上丝绸之路建立以来，长期作为对外交流的阵地前沿，受到了外来文化的较大冲击。故谢鲁山庄的建筑也体现了当时中西合璧的建筑风格，如拱券、山花等欧美建筑元素与亭、廊大量结合。谢鲁山庄大门低调淡雅，却略带有欧式风格的典雅与浪漫。

二、美学研究中关于"美"的定义

什么是"美学"？目前存在几种观点。第一种观点认为，美学是研究艺术的哲学；第二种观点认为，美学是研究美的科学；第三种观点认为，美学是审美的心理体验。以上几种观点都有其合理性，也有其片面性，艺术、审美心理、审美经验都应纳入美学研究范围。综上所述，"美学是一门跨学科的交叉边缘学科，与哲学、文学、伦理学、心理学、艺术理论，以及自然科学和工程技术学科等都有密切的联系"。

美学研究的内容主要包括生活中的美和艺术之美。生活中的美包括人体美、服饰美、科技美、风景美、饮食美等。艺术之美包括音乐美、绘画美、建筑美、园林美、舞蹈美、文学美等。

三、艺术的共通性

古典园林建筑是一门综合性艺术，与其他诸多门类的艺术，如绘画、雕塑、书法、诗词等相互交融、渗透相通。艺术的共通性是中国传统艺术发展的一个重要规律，在园林艺术上表现得更为突出。例如，建筑组群的起伏转承与音乐的韵律节奏非常相似，建筑也被称为"凝固的音乐"。金学智在《园林品赏与审美文化心理》一文中分析了园林建筑与音乐艺术的共通性，将音乐的节奏、韵律比拟成建筑的比例、组合、层递。建筑与音乐、绘画、诗词等其他艺术的共通性在于一个"韵"字，也可以说是"意境"，这是各种艺术形式共通性之所在，都可以给审美主体带来精神愉悦感和精神上的享受。

四、园林审美

"在园林里，特别是在名园里，可说处处蕴蓄着诗意，时时荡漾着诗情，事事体现诗心，是地道的'诗世界'"。①

（一）儒家中庸之美

中国古典园林的设计者和建造者多为文人和画家，受孔子儒家思想影响较深，儒家的最高境界为"和"。孔子对《诗经·关雎》的评价"乐而不淫，哀而不伤"就充分表达了思想和行为的适度之美，以中庸为哲学体现的中和之美成为中国古典美学的一个核心价值。因此，中国古典园林在整体布局、堆山理水、植物季相搭配、诗画融合等方面都追求和谐、中庸之美。中庸之美注重自然、山水和园林建筑之和，即山水与植物协调，山水与建筑协调。

比如，雁山园的长廊、粉墙、山石、花窗等各种小品往往能在有限空间中巧妙组合，虚实变幻，形成一幅幅和谐深邃的景观。在造园中大量运用框景、借景、对景等造园手法，将静态景观打造成动态景观序列，将园中亭台楼阁镶嵌于方竹山、乳钟山和青罗溪中，犹如一幅山水田园画卷。

（二）写意的意境之美

作为概念，"意境"早在唐代就诞生了，但对意境的完备阐释和总结却在明清。而把"意境"作为中国美学的中心范畴与核心概念，并以极大的

① 金学智.中国园林美学 [M].北京：中国建筑出版社，2000：424.

理论自觉从逻辑上揭示"意境"概念的内涵与外延、构成与类型、创作与鉴赏，从而不仅使之具有完整的理论形态，而且使之成为文学艺术内在本质最高理论概括的，则首推王国维。"意境"之所以在今天仍然是一个具有鲜活生命力的重要美学概念，与王国维对它所做的创造性研究具有极为密切的关系。

王国维在《人间词话》中说："古今之成大事业、大学问者，罔不经过三种之境界：'昨夜西风凋碧树。独上高楼，望尽天涯路。'此第一境界也；'衣带渐宽终不悔，为伊消得人憔悴。'此第二境界也；'众里寻他千百度，蓦然回首，那人却在灯火阑珊处'此第三境界也。"

第四节 园林美的表现形式

一、山水美

山水是园林的重要组成要素。南朝宗炳说："山水质有而趣灵""山水以形媚道"。宋代郭熙说："世之笃论，谓山水有可行者，有可望者，有可游者，有可居者""山得水而活，水得山而媚"。这些都说明了山水的自然景观价值，道出了山水之间的关系。我国园林讲究造山理水，有了山水就有了高低起伏的地势，能调节游人的视线，造成仰视、平视、俯视等不同角度的景观，同时起伏的地形地貌，还能增加游人在园林空间中的活动形式，丰富游人的感受。明代计成在《园冶》中总结的"有真为假，做假为真"，说出了造山理水的最高艺术境界，即造山理水要以真山真水为蓝本，进行仿造，集中、概括地表现典型的自然山水。

北京的颐和园主要由万寿山和昆明湖组成，拥山抱水，绚丽多姿，湖光山色交相辉映，是我国皇家园林的经典之作，也是世界园林艺术史上的辉煌杰作。江南、岭南众多的古典名园中，大多没有天然的山和洞，建园时就必须人工模拟自然设计假山，如拙政园、留园的土石山，网师园的黄石假山，狮子林、环秀山庄的湖石假山。雁山园以方竹山和乳钟山为造园主景，使整个园子处于山体环抱中，这是其他园林无法获取的天然优势。

广西雁山园区别于北方皇家园林和江南私家园林的一个突出特点在于它是充分利用了真山真水的自然条件，集山、水、洞于一体的总体构想。在我国的古典园林中，无论是北方皇家园林，还是江南私家园林，甚至是与雁山园同一范畴的岭南园林，它们的筑山理水大多都是靠人工手法创造咫尺山林的园林意境，难得有像雁山园这样得天独厚的集山、水、洞于一体的自然条件。

雁山园之主唐岳在选址与营造上作了细密的构思，他参照"山，骨于石，褥于林，灵于水"，充分利用既有的山、水、洞这些自然资源，打造山水庭园。雁山园借助青山、碧水、幽洞进行总体构思和布局，营造出别具特色的山水岭南佳境，充分体现了桂林山水秀、奇、险、幽的特点。

二、植物美

植物造景就是应用乔木、灌木、藤本及草本植物创造景观，充分发挥植物本身形体、线条、色彩等自然美，配植成一幅幅美丽动人的画面，供人们观赏。

自然式的植物景观模拟自然森林、草原、草甸、沼泽等景观及农村田园风光，结合地形、水体、道路组织植物景观，体现植物自然的个体美及群体美。中国古典园林及 18 世纪兴盛起来的英国自然风景园都属于自然式植物造景。自然式的植物景观容易表现出宁静、深远、活泼的气氛。植物美在于色彩美、形态美和香味美。

园林植物的配置需要遵循因地、因时、因材制宜的原则，来创造园林空间的景变、形变、色变和意境上的诗情画意。景变是指主景题材的变化，形变是指空间形体的变化，色变是指色彩季相的变化。园林中的植物指花草树木。园林植物的配置有孤植、对植、丛植、群植、林植、列植、环植等类型。合理利用草本植物和木本植物、陆生植物和水生植物、常绿植物和落叶植物，反映不同季节的不同特点，春有花开，夏有树荫，秋有清香，冬有绿色。植物的花朵具有极强的观赏性，色彩各异，香味芬芳，能够起到很好的装饰作用和美化作用。园林植物可以与山体、水体、建筑等素材有机结合，创造四维空间。

广西地处岭南，属东亚季风气候区南部，具有热带、亚热带季风海洋性气候特点，广西大部分属亚热带时运季风气候，特别是广西南部夏长冬短，终年不见霜雪。太阳辐射量较多，日照时间较长，因全年气温较高，加上雨水充沛，所以林木茂盛，四季常青，百花争艳，各种果实终年不绝，植物资源非常丰富。如地处南宁的明秀园和玉林的谢鲁山庄，在植物配置上，多选用热带亚热带观赏植物，并以乡土树种为主。明秀园和谢鲁山庄均属于别墅园林类型，同时具备居住功能，园内多种植热带亚热带果树，如龙眼、芒果、黄皮、芭蕉、木瓜等。既有可食用性，又具观赏性，非常具有广西地方园林特色。

三、石景美

灵璧石、太湖石、英德石、黄蜡石被誉为我国四大园林名石。园林石景可为特置主景，也可与山水、植物等配合组景，以得某种意境。石景美主要是造型美和意境美。我国古代园林中的用石讲究"瘦、皱、漏、透"。瘦即形体适当神态毕现，皱即凹凸起伏变化多端，漏即缝隙洞穴清晰得体，透即孔眼穿透明朗自然，这也成为人们的赏石标准。清代刘熙载说："怪石以丑为美，丑到极处，便是美到极处。"这里的"丑"实际上指的是一种不规则的特殊形式美，是一种错综复杂的变化美。

苏州留园的太湖石"冠云峰"就具备瘦、皱、漏、透特征，具有形、色、纹、质诸美。冠云峰所在的庭院被布置为水石庭，周围建有冠云楼、冠云亭、冠云台等，均为赏石之所。江苏吴江静思园的灵璧石"庆云峰"，仰观峰峦，通体孔窍密布，若峰底举燧，百孔生烟，顶端注水，千洞喷泉，鬼斧神工，令人叹为观止，成为静思园的镇园之宝。

四、建筑美

建筑是人类文化的重要组成部分，是中国园林景观不可缺少的一部分，它保存了大量的文化艺术瑰宝，是人们审美要求的反映。建筑是园林的一个重要内容，有无建筑是区别园林与天然景区的重要标志。园林建筑按使用功能分为观赏性建筑、服务性建筑和园林建筑小品。观赏性建筑又被称为游憩性建筑，是具有较强的游憩功能和观赏作用的建筑，如亭、台、楼、阁、轩、榭、舫、廊、殿、塔等。建筑小品一般体量小巧，造型别致，富有特色，并讲究适得其所。园林建筑注重造型。"园林建筑在造型上，更重视美观的要求，建筑体形、轮廓要有表现力，要能增加园林画面的美。建筑体量的大小、建筑体态或轻巧或持重，都应与园林景观协调统一。建筑造型要表现园林特色、环境特色及地方特色。"①

这些园林建筑源于自然而高于自然，隐建筑物于山水之中，将自然美提升到更高的境界。这些建筑将山水地形、花草树木、庭院、廊桥及楹联匾额等精巧布设，使山石流水处处生情，意境无穷。

近现代广西园林造园艺术研究

---

① 董晓华.园林规划设计[M].北京：高等教育出版社，2005：113.

第四章

广西古典园林造园思想

第一节　广西园林造园的哲学基础

中国传统园林作为古人生活起居、寄情山水的物质空间，其空间布局、建筑构建、植物配置、堆山叠石、庭园理水等都受到哲学思想的影响。中国园林艺术之所以经过上千年的沧桑变迁仍保持着其独特的自然人文境界，是因为园林艺术植根于中国传统哲学思想。

一、儒家思想

造园艺术必然会受到美学的影响，而美学在西方被认为是哲学的一个分支，所以在分析雁山园造园艺术特色之前，先来谈谈它的哲学思想。从哲学基础上说，在中国儒、释、道三家中，儒家不仅被各时期的统治阶级所看重，而且被士大夫与庶民奉为道德准则。而儒家思想的一个重要特点就是重人伦、轻功利，由此便塑造出一种中国文人所特有的清淡恬静的趣味和浪漫飘逸的风度。中国园林的一个显著特色就是文人造园。自魏晋时期，在士大夫的圈子里，多不以高官厚禄为荣，多数文人雅士却以脱世避俗，寄情山水为乐。中国文人的这种价值观取向也体现在雁山园的造园思想上。

山水是天地间处于相对静态与动态的自然物。孔子在《论语·雍也》中有一段名言："知者乐水，仁者乐山。知者动，仁者静。知者乐，仁者寿。"智者之所以乐水，是因为水具有川流不息、奔流不止的"动"的特征，而智者敏于思考，捷于行动，也具有"动"的特征，所以"知者乐水"。仁者之所以乐山，是因为山具有阔大宽厚、岿然不动的"静"的特征，而仁者厚重沉稳，同样具有"静"的特征，故而"仁者乐山"。这段话反映了孔子山水审美的观念，既将自然物的性格赋予了人，又将人的性格赋予了自然物，在此后的年代里，山水便成了后世中国园林中的主角而经久不衰。

（一）入隐

计成在《园冶》中说："相地合宜，构园得体。"其在《相地》篇中指出："园地惟山林最胜，有高有凹，有曲有深，有峻而悬，有平而坦，自成天然之趣，不烦人事之工。"文震亨在园址的选择上所持有的观点与计成相似。他在《长物志·室庐》篇中说："居山水间者为上，村居次之，郊居又次之。"认为园址最好选在山水间。寄畅园以水面为中心，西靠惠山，山水区域占全园面积的三分之一以上。

无锡寄畅园，园名取自王羲之《答许询诗》："取欢仁智乐，寄畅山水阴。清泠涧下濑，历落松竹松。"孔子赞许的"知者乐水，仁者乐山"赋予了中国园林一套儒学基因，更是完美体现在这座园林之中。明正德年间，北宋著名词人秦观的后代秦金在惠山脚下建园，初名"凤谷行窝"，几经世事变迁，其后人秦燿辞官归隐山林，寄情山水，将园名改为"寄畅园"。

寄畅园运用儒家思想造园，引用了大量儒家文学"典故"，是一座洋溢着浓郁文人气质的园林。山区引水入池的曲涧效仿王羲之《兰亭集序》中描写的曲水，山间的桃花洞取自陶渊明的《桃花源记》，箕踞室效仿王维独坐啸傲苍穹，清响斋取自孟浩然的诗，先月榭取自白居易的诗……几乎所有景致皆有出处。

"小隐隐陵薮，大隐隐朝市"，中国古典园林的造园者常常是有政治抱负而不能实现理想的儒家践行者。他们往往郁郁不得志，辞官归隐，寄情山水与园林几乎是他们一贯的模式。我们从这些园林的命名中不难看出，如拙政园借《闲居赋》诗句"孝乎惟孝，友于兄弟，此亦拙者之为政也"；退思园借《左传》诗句"进思尽忠，退思补过"。

在中国历史上，儒家学说一直被视为中国正统学派，中国古典园林同样体现了儒家哲学思想。古代文人崇尚"学而优则仕""穷则独善其身，达则兼济天下"，而当他们仕途不得志之时，往往寄情于物，隐逸文化空前发展。中国古典的文人园林大都是在这种情况下建造的，如苏州的拙政园、退思园。

儒家哲学思想以"仁"为核心，孔子提出"知者乐水，仁者乐山"，"这种山水文化，不论是积极的还是消极的，都无不带有'道德比附'这类精神体验和品质表现，特别是在文学、诗词、绘画、园林等艺术中表现得尤为突出。在园林史的发展中，从一开始便重视筑山和理水，这是中国园林发展中不可或缺的要素。"[①] 雁山园北有乳钟山，南有方竹山，还有相思湖和青罗溪，园子的选址和规划都体现了儒家的山水文化观。

雁山园的主人唐岳是清道光庚子科解元（举人第一名），在京城又向著名的桐城派古文家梅曾亮学习古文义法，可以说唐岳深受儒家思想影响。在建造雁山园的过程中，他反复阅读《石头记》，并邀请匠师、画家参与设计。雁山园中最早被建成的涵通楼是一座两层宫殿式楼阁，是园主人藏书、会友、作文写诗的地方。清刘名誉所著的《纪游闲草》（1909 年刻本）如此记载涵通楼藏书："往者藏数万轴书于此。"唐岳与当时著名文人吕璜、朱琦、彭昱尧等在这里谈诗论文，著有《涵通楼师友文钞》。

（二）出世

"礼"作为儒家思想的核心思想，注重辨别人的地位差异、高低贵贱之分。作为古人栖息的园林宅邸，园林布局从细微处缔造出以礼为重的格局。

在中国古典园林中，行宫园林成为礼制空间与自然空间交融的物质载体。"礼"，以"廊"与"亭"结合的形式，营造了一个过渡空间，体现尊崇的礼遇态度。庭廊采用中轴线设计，突显礼序精神。而廊不仅可以起到引导游客的作用，还可以划分空间和构景；亭不仅自身建造样式多变，而且在造景中能起到画龙点睛的作用。

园林成为承载诗文的载体，文人士大夫们在园林中举行文酒诗会，是常有的生活方式。如随园有"诗世界"，耦园有"载酒堂"，雁山园中的涵通楼、谢鲁山庄中的树人书院，藏书量都极为丰富。士大夫们希望通过造园把自己内心的精神世界反映到尘世中来，用自己营造的这一方园林天地来

---

① 　周维权.中国古典园林史 [M].北京：清华大学出版社，1999：10.

实现自己的人格理想。唐岳师从桐城派吕璜、梅曾亮，复兴唐宋八大家的文风，从《涵通楼师友文钞》中可看出其文章平淡自然。雁山园的规划布局也正如散文诗般行云流水，唐岳所造园林的意境与其吟唱的诗文意境是一致的。谢鲁山庄中树人堂藏书颇丰，大门的楹联也文雅地道出了主人的心意："花色欲迷仙半角，书声常伴月三更。"目睹这样的楹联，仿佛依稀闻到似浓似淡的书香。园林可以说是园主人居住的载体和心灵隐逸山林的一种寄托所在。

（三）比兴

在中国园林植物景观中应用儒家思想创始人孔子的哲学思想有"比德""比兴"两种方法，这两种方法主要用来为植物赋予文化内涵。儒家思想会类比自然对象与人的精神品格的相似处。在园林设计中，一些特定的植物品种会被赋予特定的品格，如梅兰竹菊用来象征君子品格——"不要人夸好颜色，只留清气满乾坤""春兰兮秋菊，长无绝兮终古""独坐幽篁里，弹琴复长啸""荷尽已无擎雨盖，菊残犹有傲霜枝"……

二、师法自然，返璞归真

我国古代文人造园讲究一丘一壑、一草一木都力求自然，达到"虽由人作，宛自天开"的至高境界，例如李渔在《闲情偶寄》中将自己的造园理想概括为"人工渐去，而天巧自呈""巧夺天工"，文震亨在《长物志》中论及花木、水石时，常称其为"自然""天然"之美。在古典的私家园林中，园主从庙堂之中退隐山林，由于场地条件所限，无法纳入自然的真山真水。故而在造园时模仿自然界的山形水势而叠石成假山，理水而仿溪流。园路宜曲不宜直，蜿蜒曲折，仿的是自然界的水流形态。所配置的植物不加修剪造型，组团种植时采用奇数，以更好地营造不对称的自然式美感。比如《芥子园画谱》中关于五株画法的描述："不画四株竟作五株者，以五株既熟，则千株万株可以类推，交搭巧妙在此转关。故古人多作五株，而云林更有《五株烟树图》。若四株，则分三株而加一，加两株而叠画即是，

近现代广西园林造园艺术研究

故不必更立。"

　　与古典美学相比，现代审美更加注重生活体验，因此我们主张的是基于本土、基于当下的山水行动，以山水为介质，以其约束下的自然精神和人文价值为向度，重新审视固有的景观设计方法，将时间和空间围绕生活本位主义定性为景观设计的出发点。在设计手法上以自然作为创作的选择方向。采用抽象的手法，通过抽象的自然材料和自然线条表达自然的精神。

三、陶然物也，怦然心动

　　从古至今，我国的景观设计一直以来所追求的最高境界便是意境美，在中国的传统审美思想中，"意境"是一个重要范畴。王国维在其《人间词话》中说："词以境界为最上。有境界则自成高格，自有名句。五代、北宋之词所以独绝者在此。"[①] 他指出："景""以描写自然及人生之事实为主"，是"客观的""知识的"；"情"，为"吾人对此种事实之精神之态度"，是"主观的""感情的"。这一解释吸取了西方的美学观念，将审美从艺术层面提升到精神层面。"情景交融"使观赏者得到精神上的愉悦感，景观也因此而升华。

　　在意境理论的指导下，中国古代造园家并不满足于创造身临其境的园林景象，而是注重园林景象所激发出的游赏者的想象和情感，产生"言有尽而意无穷"的审美体验。尽管如此，身临其境的园林景象是吸引游赏者前来游览并流连忘返的前提，也是引导游赏者体会造园立意和进入园林意境的物质基础。换言之，身临其境的园林实景是引导人们进入意蕴无穷的园林虚境的前提，"虚实相生"揭示出中国传统园林景象与意境的辩证关系。

　　园林是利用土地、水体、植物、天空等自然的基本要素，结合园路、构筑物等人工要素营造游憩境域的艺术。这些具体的造园要素就是园林艺术的"言"，即表达造园之意的基本语汇。在中国传统文化中，园林要素大多具有拟人化特征，代表着特殊的文化含义，如"知者乐水，仁者乐山"。

　　中国古典园林的创作依据山水画论，山水画并不局限于有限的物象，

[①]　王国维.人间词话 [M].北京：中国古籍出版社，1998：11.

而是追求在有限中呈现出无限。与此相同，中国古典园林的建设目的也并非仅仅为了居住，而是为了体现造园者的世界观、人生观、审美观等。在创作及建设过程中，造园者以具体的山石、植物、建筑等寄托其对人生的感悟和哲理，以"咫尺山林"的手法在有限的空间内展现无限的意境，达到"象外之象"的艺术境界。

山水是一个情感媒介。除了作为审美对象，山水更是人类移情通感的外物，无论是儒家的"自然的人化"，还是道家的"人的自然化"，都是在自然与人之间形成了气质的勾连。山水的生命本质使山水与人的气质得以沟通，进而成为人畅怀寄情的对象，"君子比德于山水"，山水因此成为人与自然相沟通的情感媒介。

四、山重水复，虚实相生

宗白华认为："建筑和园林的艺术处理，是处理空间的艺术。"景观的本质是空间营造，以空间满足人们对于生活的追求和理想，承载生活的可变与可能。从宏观上理解，山水的空间性进一步延展为本土性或者地域性特征，所谓"一方水土一方人"，表达的是山水对于文化和生活的决定性作用。所以，从宏观角度上看，山水是景观营造时必须依据的空间尺度，及其所反映的本土文化和地域精神。

中国古典园林素来讲求以小见大，在有限的空间中匠心独运地创设浑然天成的自然山水，尤其是在空间布局体系上的灵活多变，使人一路行走在园林中不自觉地感受到自然的无限生机。正如 2001 年，建筑师斯蒂文·霍尔在北京大学的讲座中所说："印象最深的就是苏州的网师园，那里所呈现出的所有的空间关系、透视的叠加、精彩的细节都经过仔细的推敲。每个亭子都有自己的想法，建筑是需要到其里面去体验的。"

《浮生六记》提出古典园林的造园艺术手法："虚中有实，实中有虚，或藏或露，或深或浅，不仅在'周回曲折'四字。""虚实"手法的运用体现了造园艺术追求自然精神境界的终极目的。虚实相生是中国古典美学的重要原则，也是中国古典园林艺术的精髓。园林空间的处理、园林意境的创造皆具有虚中有实、实中有虚的特征。一方面，"实"借指"粉墙"，"虚"则为孔洞、门窗、连廊，透过"虚"的窗洞呈现出亦真亦梦的无心画作；另一方面，叠石理水要虚实结合，恰当处理山石和水面的集散和留白关系。脱离于建筑本身之外的花木、流水、假山、怪石用来分隔和定义空间，虚实之间同时营造留白的意蕴，在视觉上创造出更多丰富的空间流动效果，正如笪重光在《画筌》中所述的"虚实相生，无画处皆成妙境"，留给人无限的想象空间。

第二节　园画同构

　　陈寅恪曾说："华夏民族之文化历数千载之演进，造极于赵宋之世。"传统文化中的绘画和诗词在两宋时期得到了空前的发展和明显的转化。在文运昌盛的宋代，文人士大夫阶层追求精致的生活情趣，品茶、古玩鉴赏和花卉观赏以及传统的琴、棋、书、画等艺术活动都需要以园林为载体，至此文人园林大为兴盛。宋代园林建筑一改唐朝的雄伟壮丽，变得秀丽纤巧，极具灵性，重视装饰艺术。宋代园林形式清雅柔逸，自然美与人工美完美结合，与宋代的绘画、雕塑有异曲同工之妙。从统治者到普通士人，在追求风雅与生活享受上出现了精神上的一致性，"归隐"成为抚慰士大夫心灵的一种模式。司马光归隐后在洛阳郊外买地建造"独乐园"，独乐园在选址位置、规制尺度和园林意境等方面均反映出文人园林的造园理想。欧阳修寄情山水，《醉翁亭记》中记录了滁州西南峰林秀美，"醉翁之意不在酒，在乎山水之间也"。

　　昔日先人临摹山水，形成了山水画；古人仿造山水自然，则出现了园林，两者一脉相承，同宗同源。中国古典园林建筑与中国传统山水画艺术有着同样的构成元素，即建筑、水体、植物等，两者都是按照一定的规律对景观元素进行排序，创造出新的构成形式，并且都是以自然山水作为出发点进行创作的。通过创造，创作者表达出内心的精神境界，其中具有代表性的山水画作有明代唐寅的《守耕图卷》，其表现了当时人们向往自然并且寄情于山水田园的情怀。广西古典园林与中国传统山水画创造皆讲究师法自然，并且有着互通的艺术法则。

一、"分释山水"的宋代山水画

山水画自魏晋萌芽之后，于隋唐时期从人物画中独立出来，在宋代达到鼎盛期。这一时期山水画的题材繁多，内容丰富，江河湖海，名山大川，宫景台阁，村野渔樵，各尽风貌。北宋时期名家众多，各有风采，最具有代表性的画家是李成、范宽。

（一）青绿山水

南宋时南宋画院成立，绘画艺术从内容到风格都发生了变化。李唐、刘松年、马远、夏圭被称为"南宋四大家"。他们一改北宋时期的构图和笔墨，创造了更为单纯、简化的形式，常使用对角线构图，使画面重心偏离正中，坐落在半边一角，即所谓的"偏角山水"。画家以突出一个局部的方法加强描绘的力度，用笔更加犀利，水墨的韵味被发挥得更加充分。

（二）水墨山水

北宋后期最杰出的画家是米芾、米友仁父子。他们的写意山水以点染为主，用水墨点染的方法充分发挥笔墨融合的长处，表现出江南雨景中云山烟树、迷蒙变化的境界。墨色的晕染形成了含蓄、空灵的神韵，世称"米氏云山"。

宋代的最高统治者宋徽宗赵佶也是当时著名的画家之一，当时的宋代有"中国山水画黄金时代"的美誉。画坛上出现了两大著名的派别，即以荆浩为代表的北方山水画派与以董源为代表的江南山水画派，这两种画派虽然表现风格不一，但其内在都传承着当时山水画作的精髓。当时的南派注重表现平淡疏远的江南风光，而北派则创造了描绘自然山水雄壮浑厚的全景式构图形式，这都反映了当时风格迥异的地域文化和审美特性。荆浩的代表作《匡庐图》就是一个典型的例子，其采用写实和写意相结合的手法，刻画了崇山峻岭的自然风光，环境与山水结合得十分巧妙。除此之外，以董源的《龙宿郊民图》为代表的诸多画作描绘了许多江南山水交错的场景，还有烟云腾腾的壮观气势。宋代的绘画作品用可游、可居的画面表现出了当时的社会环境，以及当时士大夫的一种人生理想，文人士大夫都开始寄情于山水，融情于画作。

山水画造境与江南园林造景是中国古代文人内心世界的写照，中国古典山水画与江南园林两者之间的通达同源于中国传统文人的共鸣。两者在"行、望、游、居"等方面内容，暗含了山水画和园林对于人居环境一致的认同关系。实际上，虽园林有落地，山水画只在纸上，但两者同属传统文人的构造活动，且都满足海德格尔笔下"诗意的栖居"之愿景。他们拨开现实的云雾，只遵循生存的最基本图示，探索人和场所间永恒的互动和互构。从这点上讲，创作者造就了山水画与园林之景，而这些景色也使他们成为最本真的完整的"人"。

童寯曾说："中国造园首先从属于绘画艺术，既无理性逻辑，也无规则。"他还说："一座中国园林就是一幅动态三维风景画，一幅写意中国画。"中国画与中国园林有着不解之缘，山水画对园林的影响更为直接深入。山水画与建筑园林有着千丝万缕的联系，甚至具有共通的特点，正如魏士衡所说："由于山水画和中国古典园林在社会功能上的一致性，并在多数情况下两者属于同一心理依据，两者遵循同一创作规律和审美规律。"可藉由山水画了解中国古典园林中山、水、草木、建筑所构成的美学关系。

二、园画同构

园林的发展与山水画的进步是不可分割的，互为依据，相辅相成。在颜色层析上，山水画中的色彩大致分为水墨山水、青绿山水、金碧山水、浅绛山水和没骨山水这几种形式，其将山水进行装饰化、概念化，以抒发作者情感。同时，园林中也注重深浅浓淡的对比和应用。在布局方面，山水画构图反对平淡单调，追求灵动变化，突出主景，烘托配景。画论称其为"先立宾主之位，次定远近之形"。同时，这些原则也被用在园林营造中。设置山水时强调主宾分明，明确高低曲直，也就是所谓的开合。"开"是指放，为起或生发之意，用来描绘把景致铺陈开来。"合"是指收，为讫或结尾之意，用来描述把过于分散的景致聚合起来。这种开合观是中国山水画布局的一个重要思想。它体现在园林设计中，就形成了聚散相依的丰富空间，给人"山重水复疑无路，柳暗花明又一村"的体验。其中，狮子林便是模拟了佛教圣地九华山的峻峰林立。远看群巧起伏，身入其中曲折幽深，体现了开合的真谛。在空间比例上，"远"同样是山水画的一个重要理论，为了使空间更丰富，园林中也注重假山之间的体量和比例关系。仰视有奇峰，远眺有起伏，平视有平岗。

宋代的文人在绘画品评中推崇"自然"为上品，在诗文品评中也是如此。虽然文人在诗文评论中并未运用逸品、神品、妙品、能品等名称，但仍然将"自然"置于至高级别上。例如，南宋文学家姜夔认为诗有四种高妙：一为"理高妙"；二为"意高妙"；三为"想高妙"；四为"自然高妙"。关于这四种高妙，他解释道："碍而实通，曰理高妙；出事意外，曰意高妙；写出幽微，如清潭见底，曰想高妙；非奇非怪，剥落文采，知其妙而不知其所以妙，曰自然高妙。"在姜夔看来，所谓"理高妙"，即表面有所碍但实际上通达；所谓"意高妙"，即出人意料，让人难以想到；所谓"想高妙"，即将幽微之思表达得如清潭见底般清楚；而所谓"自然高妙"，即既不奇特也不怪异，文采剥落、铅华洗尽，感觉它妙，但又不知它为什么妙。从姜夔对这四种高妙的阐释中不难看出，他最看重"自然高妙"，并且也认为"自然高妙"是诸品级中最高的。

雁山园的园主唐岳精于诗文，在设计和建造雁山园之前，唐岳邀请了山水画家农代缙参与设计，农代缙的《雁山园图》很有可能就是当年参与设计的设计图。我们现在从马福祺根据1964年建研院的《雁山园图》临摹本和依现状绘制的鸟瞰图，可看到雁山园当年的胜景。《园冶》中有这样的描述："世之兴造，专主鸠匠，独不闻三分匠、七分主人之谚乎？""园林巧于'因''借'，精在'体''宜'，愈非匠作可为，亦非主人所能自主者。"所以说，园主个人文化水平的高低决定了园林的风格和意境，唐岳和农代缙二人珠联璧合，使雁山园具有浓郁的文人画意。

三、象外之象

中国山水画与园林的建造有一定共性，它们都用写意来唤起接受者的情感共鸣。如南宋山水画家马远，他被称为"马一角"，因为他的作品中常常出现半片的山、残缺的树木等。画面产生的更加广袤的空间感是由画面上的留白和空白所体现出来的，这是意境的表达方式，更是中国人的哲学观念。在园林中，也是将"借景"应用于比较狭小的空间，用无尽的创造力和想象力打造无限的空间，解释了"外师造化，中得心源"的真谛。

象外之象、景外之景是唐代司空图提出的美学命题。《与极浦书》"象外之象，景外之景，岂容易可谭（谈）哉？"中，第一个"象"与"景"指诗歌作品通过语言文字所直接描写的最易使人感受到的形象，有具体的形状、色彩、声音及其组合，画面明晰而不飘忽；第二个"象"与"景"则往往突破明晰画面的界限，创造出多层次的没有明确画面、更为飘忽空灵的"意象"和意境。司空图认为这种"意境"即"诗家之景"，如"蓝田日暖，良玉生烟，可望而不可置于眉睫之前"（《与极浦书》）。诗的意境虽离不开具体"物象"的传达和表现，但又必须是虚实结合的"象外之象"的创造。该美学命题比较确切地反映了文艺创作与欣赏过程中人的审美活动和审美感觉的本质特征，启发了后人对文艺的形象思维的探索，在中国古典美学发展史上占有重要地位。

王国维在《人间词话》中云："词以境界为最上。有境界则自成高格，自有名句。五代、北宋之词所以独绝者在此。"山水画也不例外，以境界为上。有造境，有写境，此"理想"与"写实"两派之所由分。有有我之境，有无我之境。"有我之境，以我观物，故物我皆著我之色彩。无我之境，以物观物，故不知何者为我，何者为物。"

第五章

广西古典园林造园手法

第一节　选址

古代造园选址是首要任务。古往今来，人们把居住环境的选择作为一种经验而流传下来，形成了一门关于选址的学问，也就是我们常说的"风水"。"风水"只是一个名称，而非真正意义上的"风"和"水"，又称山水之术，是我国古代建宅、造园的主要理论依据。"中国风水以天地人'三才'为核心，以阴阳五行思想及八卦说为哲学支撑，以'理''数''气''形'等为理论框架，以占天卜地为主要手段，演绎出关于建筑选址中方位、色彩、数字等的全面理论。"

风水理论在现代看来不免有些迷信色彩，但是如果我们抛去风水中的迷信成分，而以科学的角度去认识它，再去其糟粕，取其精华，便可做到"古为今用"而受益无穷。

好的风水格局要有山有水。雁山园以雁山为基址背景，使山外有山，增加了风景的纵深感；以青罗溪为前景，自南向北贯穿全园，似金带环抱；以方竹山和乳钟山为左辅右弼，形成一块三面环山的相对独立封闭的庭园小空间；以涵通楼、澄砚阁等建筑物作为全园的景观中心和视觉焦点，展现出造园者的良苦用心。

园址的选择包括对山脉来龙去脉的观察，包括对地形、土壤、风向、水文、植被等小气候的审察，最后还要根据朝向和方位，确保基址处于最佳自然环境中。这样一个周密的选择过程实际上兼顾了地理学、地质学、气象学、生态学、美学等多种学科，反映了古代人民朴素的环境意识。

桂林市是我国著名的山水城市和历史文化名城，"山水城市"是一个富有中华传统文化底蕴的概念。咸丰五年（公元1855年）的《舆地纪胜》第103卷记载："广南西路静江府临桂县东控海岭，右扼蛮荒，水环湘桂，山类蓬瀛。万山面内，重江束隘，联岚合晖。桂之为州，山拔而水清。诗赞：'青罗江水碧莲山，城在山光水色间。'"在国家级历史文化名城山水格局一览表中，我们查阅到："桂林，位于广西北部，漓江之滨，属岩溶地形，奇特秀丽的峰林、峰丛、地下河和岩洞比比皆是，'千峰环野立，一水抱城流'，故有'桂林山水甲天下'之称。诗赞'群峰倒影山浮水，无水无山不入神'。"

雁山园地处桂林市南郊，距市区 20 千米，距桂阳公路约 500 米，西凭雁山，东邻层峦。西边的雁山行似大雁展翅南飞，有景名曰"雁落平沙"。园内有方竹山、乳钟山、桃源洞、碧云湖、青罗溪，地形起伏，湖溪兼备，植被丰富，是典型的喀斯特地貌。雁山园内山、水、洞集于一体，方竹山、乳钟山分别位于园的南北，两山间一片开阔平原便于筑园，两山间有青罗溪贯穿，方竹山中有相思洞。园内山不高，约 50 米；水不宽，约 3 米；洞不大，约 30 米；从体量、比例上来说都很适合修建南方私家庭园。雁山园的选址西有靠山，东有层峦，南北有田园村庄，可以说是充分利用了山、水、洞各种优越的自然条件。

第二节 自然山水底色的园林

一、大尺度的郊野山水园林

郊野园林一般以自然风景优美的地方为基址，构建在城镇近郊或远郊风景秀丽的地方，利用天然山水作为园林的骨架。"按照园林基址的选择和开发方式的不同，中国古典园林可分为人工山水园和天然山水园两大类"。雁山园位于桂林南郊约 20 千米处，占地面积 15 万平方米，园内有天然形成的石山、溶洞、溪水、湖泊，是一座大尺度天然山水园。它将天然山水及植被收入其中作为建园的基址，然后在里面配以园林建筑、花木小品。

雁山园作为大尺度的郊野山水园林，与同期建于城市内的宅园不同。桂林同期的环碧园、拓园、芙蓉池馆以及广东的余荫山房、可园、清晖园等一般规模不大，花园紧邻住宅，花园内的山水采用人工置石理水。雁山园的规模大而具有真山真水的特征，这是其他私家园林难以比拟的。

二、得天独厚的喀斯特地貌

广西桂林属于典型的喀斯特地貌。喀斯特一词原指南斯拉夫西北部伊斯特拉半岛上的石灰岩高原的地名，现已用于类似的一切地区。"喀斯特地貌是指可溶性岩石受水的溶蚀作用和伴随的机械作用所形成的各种地貌，如石芽、石沟、石林、峰林、落水洞、漏斗、喀斯特洼地、溶洞、地下河等。在喀斯特地貌发育地区，地面往往奇峰林立，地表水系比较缺乏，但地下水系比较发达"。喀斯特地貌分布在世界上极为零散的地区，如中国的广西、美国的肯塔基州等。

桂林是世界著名的风景旅游城市，有着举世无双的喀斯特地貌。这里的山，平地而起；这里的水，明洁如镜；这里的山多有洞，洞幽景奇；洞中怪石，鬼斧神工，于是形成了"山青、水秀、洞奇、石美"的桂林"四绝"。

雁山园水系图如图 5-1 所示。

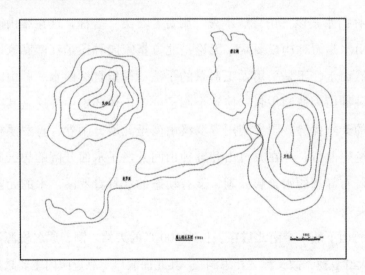

图 5-1　雁山园水系图

（图片来源：自绘）

位于桂林市的雁山园是一座真山真水真洞的岭南名园。但凡中国古典园林的营建都离不开治山、理水、建筑、植物四大部分。江南私家园林和岭南园林的建筑尤为注意治山（包括治洞）、理水。由于自然地理资源所限，江南、岭南众多的古典名园中，大多没有天然的山和洞，建园时就必须人工模拟自然设计假山，如拙政园、留园的土石山，网师园的黄石假山，狮子林、环秀山庄的湖石假山。岭南造园众多景石材料中，以英德产的英石最为常用，蜡石、钟乳石、太湖石也用。雁山园中有天然的山、天然的水和天然的洞，唐岳在造园时，自然会利用这些独特的资源。

雁山园南倚方竹山，北靠乳钟山，全园处于两山之间。方竹山海拔190.1米，相对高度40余米，因山上遍植雁山四宝——方竹而得名。方竹山下有龙骨岩，又名桃源洞、相思洞。"相思洞，旧名龙骨岩。"相思洞中有水流出，就是青罗溪的源头。相思洞是典型的喀斯特地貌，是在漫长的岁月中，石灰岩受自然界中的碳酸溶蚀而形成的。雁山园的整个设计就是以方竹山为依托，以方竹山中相思洞流出的青罗溪的走势，由南向北展开布局的。

三、山清水秀、洞奇石美

桂林山水素以"山青、水秀、洞奇、石美"著称，这在雁山园中同样适用。山水是园林构成要素，无论是北方皇家园林还是江南私家园林，都缺乏天然山水，于是采用人工造景的手法，模拟自然山水。雁山园采用方竹山和乳钟山为造园主景，使整个园子处于山体环抱中，这是其他园林无法获取的天然优势。园主利用青罗溪由南至北展开画卷，青罗溪宛如袖珍的漓江蜿蜒曲折，并在方竹山和乳钟山间开凿了水面开阔的碧云湖，使整个园子既有静态的水景碧云湖，又有动态的水景青罗溪，水的元素增添了动感和灵气。

方竹山下的一个南北贯穿、长约100米的天然岩洞，原名桃源洞，因洞前有棵大红豆树，故又称"相思洞"。其北面洞口（靠近园内主要景点）洞前有巨石塌落，使人从洞外望去，更显得该洞幽深莫测。从相思洞中缓缓前行，如《桃花源记》中所述，走到南面洞口使人感觉豁然开朗。此南面洞口高达10余米，宽敞明亮。洞内有石笋、石钟乳、石缦。"……亭之后巉岩屈转，是为雁山峙洞，牙窍怪，不可思议而凉飙飒然，愈进愈阔，扪壁目下，高崖数十丈，容设数十筵，洵遭暑之一胜。洞外遍植芳木，侧有花神祠……"

在相思洞的北面洞口，由于巨石塌落后，几块巨石相连，遮蔽在洞口，这样很巧妙地把原洞口仿佛一分为二，形成上下相连的两个洞口。在下面的洞口流出的就是青罗溪，这实际上是地下河转为地上河的出入口。青罗溪由南向北贯穿园中，方竹山的东北面就是碧云湖。唐岳就是凭借自然的真山真水，利用山清水秀、洞奇石美、地形多变的特点，精心构思，巧妙布局，设计了山水相依、洞水相连、世外桃源般的雁山园。

第三节　造景手法

一、抑景

相思洞北面洞口（见图 5-2）由于巨石塌落，将本来一个洞口分成仿佛两个洞口。在对洞口的处理上，唐岳采取了中国古典园林常用的欲扬先抑的手法。他没有设法搬开巨石，使整个洞口一目了然。相反，他巧妙地利用了这几块巨石，使洞口半遮半开，增加溶洞的深邃感。在巨石的一侧，他借石搭建一座木制便桥，后又用料石砌了一道石堤。石堤的高度与塌落的巨石之顶平齐。这样既把入洞口提高，又在上面的洞口处设置了一个便于观赏溶洞的观景点。远远望去，在方竹山悬崖峭壁之下，古树藤萝之间，上下两个洞口幽深莫测，让人不禁想沿着园主设计的这条道路走进去探个究竟。

此处洞口的处理显现出园主

图 5-2　相思洞洞口

（图片来源：自摄）

的别具匠心，而原来的溶洞经过改造后，立显幽深且富于变化。当人们从北面洞口入洞，徐徐前行，洞内由狭小阴暗渐渐变得宽敞明亮，人的心情也由小心翼翼变得舒坦明快。

二、借景

借景就是把园林之外的景观通过一定的方法借入园内，是中国古典园林的传统造景手法。计成在《园冶》中说："夫借景，园林之最要者也。"中国古典园林中借园外之山景的例子很多，如无锡寄畅园借景惠山，苏州拙政园中部景区借景北寺塔，洞庭湖边岳阳楼远借君山，北京颐和园借香山。

雁山园除了本身具有的青山绿水、奇花异草和典雅的古典园林建筑之外，还巧妙借园外雁山之景，形成"雁山春红""平沙落雁"的景观，构成气象万千的山水画卷。"平沙落雁"是借雁山村水源岭一带土石山的山形轮廓形似大雁。借景还讲究应时而借，就是随季节变化借到动态的景观，主要指植物的季相变化景观。雁山园外的雁山，每到春季便漫山杜鹃红透，因而借到"雁山春红"之景。通过借景，拓展了园内空间，增加了景物的层次，也深化了园林的意境。

三、障景

将园中佳景加以隐障，达到柳暗花明的艺术效果，称"障景"。"广义地说，照壁、隔墙、屏风、帘子，以及盆栽、山石、幕布、水池、界牌等皆有障的作用"。

障景在园林中形成"庭院深深""曲径通幽"的景观，是我国古典园林的造园手法之一。雁山别墅大门前是一片水域，游人需经过水面上的拱桥才能到达别墅的大门，这片水域起到障景的作用，人们隔水相望，可望而不可即，更增添了园林在人们心理上的美感。

障景也是古代风水的理想追求，风水认为吉气沿着曲折蜿蜒的路径行进与蓄积，而煞气则沿着直线穿流，雁山园大门（见图5-3）正对园内的乳钟山，乳钟山相对于传统园林中使用照壁或假山障景，气魄可谓之大。此处障景既能遮挡人们的视线，使之不能将园内景色一览无余，又起到了风水上的作用。

图 5-3　雁山园大门障景

（图片来源：自摄）

用植物进行遮挡又称为"树障"。方竹山之南主要由花神祠、相思洞、桃林、李林组成，成片的桃林和李林遮蔽相思洞口，使洞口显得奇异静谧。乳钟山山腰筑有一台，因周围遍植丹桂，起名"丹桂台"。茂盛的丹桂林中凉风送爽，芳香宜人，并将丹桂台掩映在绿丛中。

四、对景

对景，所谓"对"，就是相对的意思。"你站在桥上看风景，看风景的人在楼上看你。明月装饰了你的窗子，你装饰了别人的梦"。在造景的布局安排中，观赏者的视线终点需有一定的景物作为观赏对象，这种从甲观赏点观赏乙观赏点，从乙观赏点观赏甲观赏点的方法叫对景。例如碧云湖舫与涵通楼，互为因果，对景成趣。

从涵通楼向北望，隔着碧云湖和青罗溪是乳钟山，山间丹桂台上建有一亭，即"丹桂亭"，点缀其间，形成以自然为主的景观，可谓美不胜收；反之，人在亭中观涵通楼，视野也佳，而且一仰一俯，体现出园主的独具匠心。除此之外，园中还有多处对景，如公子楼与绣花楼、公子楼与水榭、钓鱼亭与棋亭、琳琅仙馆与碧云湖舫等。雁山园对景图如图 5-4 所示。

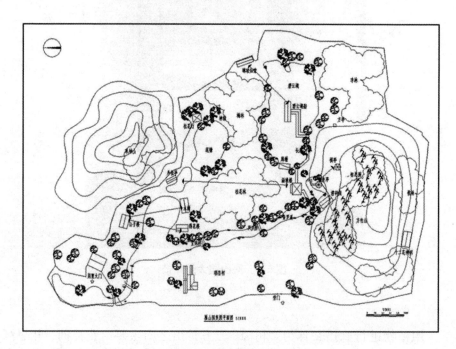

图 5-4　雁山园对景图
（图片来源：自绘）

五、框景

框景就是将景框在"镜框"中，如同一幅画，从而达到深远层次的美感。这个"画框"可以是门框、廊柱、窗、山洞、洞、树丛等的空缺之处。

碧云湖区连接碧云湖舫的长廊之东有一花墙洞门，粉墙花影、清丽可人。出洞门往北可达乳钟山，沿湖北行可达琳琅仙馆。一片墙，一个洞门，一个建筑，可以说互为框景，妙趣无穷（见图 5-5、图 5-6）。

图 5-5　窗框

（图片来源：自摄）

图 5-6　门框

（图片来源：自摄）

第四节　植物造景

一、植物的象征意义

　　园林植物配置是造园的重要组成部分。园林植物体现出来的实用美和意境美通常有两层含义，一是体现科学性，即"生境"；二是体现艺术性，即"意境"。"很多古代诗词及民众习俗中都留下了赋予植物人格化的优美篇章。从欣赏植物景观形态美到意境美是欣赏水平的升华。"植物的意境美主要体现在其象征意义上。

　　植物是园林景观构成的重要因素，园主通过对植物品种的选择来表达自己的审美观和内在情操。"园主往往通过对花木品种的选择、配置，附以诗文题名，将自己的人格理想、情操节守等文化信息透露出来，借以表现、衬托景点主题。"从宋代开始，文人雅士借花寄情，赋予花木人格化，如宋人曾端伯列花之"十友"，宋人张敏叔列花之"十二客"。

二、情感的载体

　　园主在园中栽植大量花木，除了造景之外，均借花木抒情，园内花木成为重要的情感载体。雁山园植物景观中的"五林"指桃林、李林、竹林、梅林、桂花林，是古典园林情感载体使用频率最高的几种植物。苏轼"宁可食无肉，不可居无竹"，陆游"零落成泥碾作尘，只有香如故"，李清照赞桂花"暗淡轻黄体性柔，情疏迹远只香留。何须浅碧深红色，自是花中第一流"，杜甫"桃花一簇开无主，可爱深红爱浅红"，韩愈"当春天地争奢华，洛阳园苑尤纷拏。谁将平地万堆雪，剪刻作此连天花"，这些名句都是借花拟人，成为千古绝唱。

　　桃，蔷薇科，落叶小乔木，原产于中国的西北、华北、华中及西南地区。《诗经·周南》中就有用"桃之夭夭，灼灼其华。之子于归，宜其室家"的诗句来描写桃树开花盛况。桃花在诗人笔下多是娇艳多姿、风华正茂的青春少女形象。

　　李，蔷薇科，落叶乔木，原产于中国。"桃李不言，下自成蹊"，从汉代开始，李花便与桃花齐名，得到了人们的喜爱。韩愈有"江陵城西二月尾，花不见桃惟见李"之句。李花较桃红更冰清玉洁。

　　竹，禾本科植物。竹子空心，象征谦虚、正直，被视为气节的象征，成为名人雅士理想的人格化身，成为隐士的代名词。苏轼诗云："无肉令人瘦，无竹令人俗。"

　　梅，蔷薇科，落叶乔木。梅花生性耐寒，冬末开花，古有寄梅送春的典故。梅花娴静优雅，文人墨客赋予其遗世独立、冰肌玉骨的清高人格。王安石诗云："墙角数枝梅，凌寒独自开。"王维诗云："来日绮窗前，寒梅著花未？"

桂花，木樨科，常绿小乔木，桂花原产于我国的西南部、四川、云南、广西、广东。桂花香气云动天外，在"十友""十二客"中被称为"仙友"和"仙客"，桂花还被烙上科举的烙印，如用"蟾宫折桂"比喻登第。

图 5-7 为雁山园五林分布图。

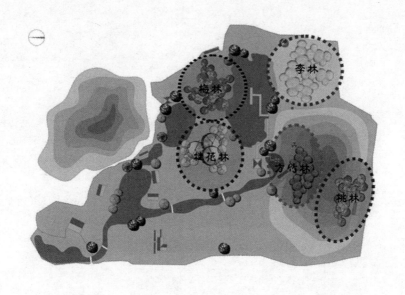

图 5-7　雁山园五林分布图

（图片来源：自绘）

三、植物品种

除了"五林"景观外，整个雁山园保存有丰富的植被资源，不仅有方竹山和乳钟山上的原生植物群落，在山麓水滨还种植了乔木，如香樟、乌桕、国槐、重阳木、苦楝、大叶榕、四季桂、白蜡、梧桐、酸枣、枇杷、白兰、广玉兰、柳树、枫香等。另外还有大量人工栽培的名贵植物品种，如红莲、白莲、并蒂莲、丹桂、金桂、八月桂、墨兰、素心兰、金边兰、方竹、红豆、绿萼梅等。其中，方竹、红豆、丹桂、绿萼梅被称为"雁山四宝"，是雁山园特有的珍稀植物品种。园主用这些奇花异草精心装点园林，形成拥有"五林""四宝"的特色植物景观。

雁山园现保存和生长着众多苍翠的古树，绝大部分是唐岳建造雁山园时栽植的，这些古树的树龄都在150年左右。有不少樟树的树龄更在三四百年或更长，胸径达到1～2米。这些樟树生长得生机勃勃、粗壮挺拔，被称为"许愿神樟"。

第六章

广西园林造园艺术特色

第一节　桂林雁山园

一、历史沿革

（一）唐岳时期的雁山别墅

由之前的考证可知：雁山园由唐岳始建于清朝咸丰初年，历时约 20 年。唐岳时期的雁山园其实就是唐家的私人别墅，所以当时称为"雁山别墅"。

"唐岳，原名启华，字仲方，号子实。道光辛巳年（公元 1821 年）二月十二生于临桂县大岗埠村的一个书香世家"。唐岳曾师从池春生，后就读于桂林秀峰书院，师从吕璜，吕璜是桐城派姚鼐的再传弟子。道光二十年（公元 1840 年），唐岳中道光庚子科解元，道光二十六年、二十七年，唐岳游历广州、上海、杭州，对广州的园林及上海豫园、苏杭园林作了考察，后返回家中。

1851 年，太平天国运动在桂平爆发后，清廷当局命令各省举办地方团练，由当地有名望的乡绅来主持，唐岳协助其父唐仁主持大埠乡的团练。然而，太平军势如破竹，以唐仁为首的团练根本无力抵抗，唐家的老宅院也被战火烧毁了。太平军挥师北上后，唐家以家园被太平军烧毁为名，向当局要了一笔钱来重建家园。之前有学者认为雁山园是从唐家主持团练结束后开始修建的。

"唐岳选中并买下了距桂林西南 24 千米的永安村（现叫雁山下村）旁的一处依山傍水，且距其家乡只有 4000 米的一块宝地。他经过几年的构思，反复阅读《石头记》（现称《红楼梦》），并参考大观园和豫园的格式，于 1869 年开始营造雁山园"。根据唐氏后人的说法：雁山园的修建是先建涵通楼、澄砚阁、大门、道路、河堤、玄珠桥等，而后才是治理桃源洞和修建碧云湖舫等其他一些建筑。根据清代画家农代缙《雁山园图》的临摹本和现状绘制的鸟瞰图，我们可看到：园内有大门跑马楼、涵通楼、碧云湖舫、澄砚阁、琳琅仙馆、红豆院、玄珠桥、棋亭、花神祠、方竹山、乳钟山、碧云湖、清罗溪等。在唐岳时期的雁山园是该园的鼎盛期，整个园林依山傍水、筑亭建阁，其占地规模和建筑规模在当时的史料记载中是桂林之最，也是广西之最。

（二）岑春煊时期的西林园

雁山园建好后不久，同治十二年（公元 1873 年）唐岳病逝。唐岳逝世后，唐家后人仍在雁山园内居住，但园林已经没有了当年的兴旺。后据传唐岳的后人为求得一官半职，将雁山别墅以四万两纹银的低价转让给时任两广总督的岑春煊。根据清代刘名誉的《纪游闲草》1909 年刻本，在《雁山园》一文中有"今园售之某制帅，重加修葺，予于是结伴往游"的记载，故按此推断，雁山别墅转让时间应在 1909 年之前。

岑春煊生于 1861 年，原名春泽，字云阶，广西西林县人，故人称岑西林。岑春煊出身于官宦世家，其父岑毓英曾任云贵总督。岑春煊在清代历任广东、甘肃布政使，陕西巡抚，四川、两广总督，邮传部尚书。在八国联军侵华时期，岑春煊任甘肃布政使。因为他赶到北京救驾，并在逃亡途中悉心照料慈禧太后一行，故深得慈禧宠爱，官位连连高升。辛亥革命后，岑春煊历任福建宣慰使、粤汉川铁路总办、

图 6-1 1999 年纪念岑春煊重建的西林亭
（图片来源：自摄）

军务院副抚军长、护法政府的主席总裁。1920 年后，岑春煊不再担任任何官职，到上海租界做起了"寓公"，直到 1933 年病逝。图 6-1 为 1999 年纪念岑春煊重建的西林亭。

岑春煊购入雁山别墅后，将其改名为西林园，并对园内主体建筑重新修葺，涵通楼、澄砚阁按原样复旧，碧云湖舫在原址建碧云水榭，并在园内增建西林亭及"龙道"。龙道即我们现在可见的贯穿全园的细石龙脊路（见图 6-2）。龙道在清代皇家园林里地位尊贵，只有皇帝才能在上行走。西林园中的龙道是因为岑春煊护驾有功，慈禧太后特别恩赐其在园内修建的。

图 6-2　细石龙脊路

（图片来源：自摄）

（三）民国时期的雁山公园（1930 年至 1950 年）

1929 年，岑春煊已近古稀之年，他将西林园捐赠给政府，从此园林更名为雁山公园。民国时期的雁山公园主要作为政府办学之用。1930 年至抗日战争前，先后有村治学院、广西省立师专、桂林高中、广西大学四所学校在此办学。各学校由于经济拮据，并未对雁山公园做大规模的改建。抗战爆发后，广西大学仍在此办学。为了满足日常教学需要，广西大学增建了一批建筑，包括校舍、礼堂、办公楼，如我们现在看到的起文楼、汇学堂（见图6-3、图6-4）、明志楼、燕宁居等。其中，汇学堂建于民国三十六年（公元1947年），为原广西大学礼堂，其结构设计独特巧妙，是目前中国唯一还能使用的民国时期修建的礼堂。

图6-3　汇学堂
（图片来源：自摄）

图6-4　汇学堂
（图片来源：自摄）

二、造园理念

雁山园建造至今，已有100余年的历史了，其间历经沧桑变幻，当年的建筑已基本无存，今日能见到的建筑物已是经后世修葺的。如今我们仅根据农代缙的《雁山园图》对雁山园的规划思想和造园特色作一番粗浅探讨。

雁山园区别于其他岭南园林的一个突出特点在于它是充分利用了真山真水的自然条件，集山、水、洞于一体的总体构想。"堆山迭石在我国传统造园艺术中所占的地位是十分重要的。园，不分南北、大小，几乎是凡有园，必有山石。所以有人认为山石应与建筑、水、花木并列，共同作为构成古典园林的四大要素之一"。在我国的古典园林中，无论是北方皇家园林，还是江南私家园林，甚至是与雁山园同一范畴的岭南园林，它们的筑山理水大多都是靠人工手法创造咫尺山林的园林意境，难得有像雁山园这样得天独厚而集山、水、洞于一体的自然条件，这就是园主唐岳选择这块风水宝地建园的重要原因。

唐岳在选址与营造上做了细密的构思，他参照"山，骨于石，褥于林，灵于水"，充分利用既有的山、水、洞这些自然资源，打造山水庭园，同时注意突出园中的主体建筑——涵通楼、澄研阁、碧云湖舫。北方皇家园林、江南私家园林以及多数岭南园林缺乏天然山水，多在庭园中人工堆砌太湖石、黄石、英石假山。而雁山园中北有乳钟山、南有方竹山，方竹山内又有天然钟乳石岩洞——相思洞，洞内的石笋、石钟乳光怪陆离。在方竹山和乳钟山之间的开阔地带，园主开挖了碧云湖，平静的湖水与相思洞流出的青罗溪动静结合。一派湖光山色充分体现了桂林山水秀、奇、险、幽的特点。雁山园借助青山、碧水、幽洞进行总体构思和布局，营造出一番别有特色的山水岭南佳境。图 6-5 为雁山园局部鸟瞰图，图 6-6 为雁山园复原平面图，图6-7 为雁山园想象复原图。

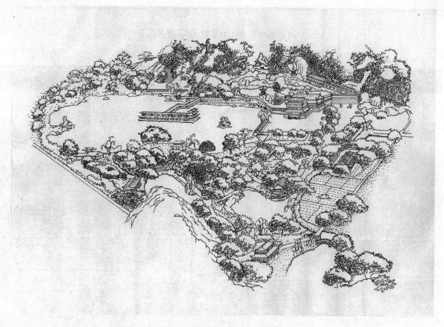

图 6-5 雁山园局部鸟瞰图

（图片来源：自绘摹农代缙《雁山园图》）

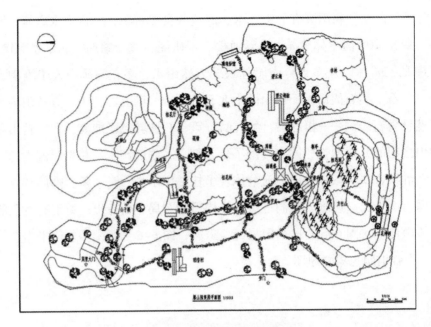

图 6-6 雁山园复原平面图

（图片来源：自绘）

图 6-7 雁山园想象复原图

（图片来源：自绘）

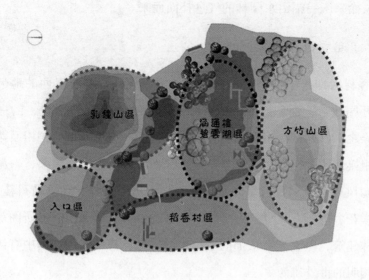

图 6-8　雁山园分区图

(图片来源：自绘)

三、功能分区

"全园可分为五大景区：入口区、稻香村区、涵通楼—碧云湖区、方竹山区、乳钟山区"。按使用功能全园可分为居住区、休闲区和观景区。其中，居住区包括涵通楼、澄研阁、碧云湖舫等主体建筑，休闲区主要指稻香村，观景区包括方竹山和乳钟山。按水景分，全园可分为相思洞区、碧云湖区和青罗溪区。现以区域分区为例分析雁山园功能分区（见图 6-8）。

（一）入口区

入口区即雁山园别墅大门至乳钟山西面直壁区域。雁山别墅大门位于全园的西北部，背靠乳钟山，面向西北，是一座古朴的二层门楼式建筑。门头上书"雁山别墅"四个大字，大门楹联是陶渊明成句"春秋多佳日，林园无俗情"，表明主人的高雅脱俗以及他向往陶渊明的归隐山林。大门前是一片水域，游人入园需经过水面上的拱桥才能到达园的大门。从大门入园，迎面而来的是乳钟山，其采取了古典园林"欲扬先抑"的造园手法，使人对园内景色不能一览无余。透过园门望去，隐约可见乳钟山山石嶙峋，绿草如茵，清风徐来，一幅山水园林的气息扑面而来。

（二）稻香村区

稻香村区即进入大门后往南，方竹山以北，青罗溪以西的地带。这一区域为开阔地带，面积达 60～70 亩（1 亩约为 667 平方米），约占全园面积的三分之一，这在岭南私家园林中是罕见的。这里不但有稻田及菜地，而且瓜棚相接，茅舍相间。每到金秋十月，稻浪如海，瓜香果熟，一派五谷丰登的田园风光。在稻香村里除了种植水稻、瓜果之外，还遍植丹桂、梅花、桃花、李花、垂柳、红豆、方竹等。在稻香村虽无涵通楼、澄研阁等玲珑剔透的园林建筑，但它具有浓郁的乡村生活气息，诗中有画，画中有诗，宛如到了陶渊明的世外桃源。

（三）涵通楼—碧云湖区

此区域为方竹山以西至碧云湖，包括了涵通楼、澄研阁、碧云湖舫（见图 6-9）等主体建筑，是全园建筑的精华部分。涵通楼是全园的主体建筑，为歇山顶二层木作楼阁。清刘名誉的《雁山园记》中云："层楼巍耸，高亮华宇，气象锯丽……斯园之主楼"。唐岳用两条复廊把碧云湖舫和澄研阁连接成一组建筑群。这样，整个建筑群高低错落、富于变化，丰富了全园的建筑天际线。

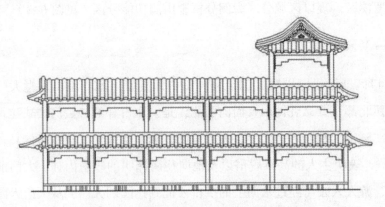

图 6-9　雁山园碧云湖舫二层水廊想象复原图

（图片来源：自绘）

唐岳还在涵通楼、碧云湖舫、澄研阁等建筑的南面建有内园墙，与其他景区相隔，形成园中园。由此，园中园往北可达桂花林、乳钟山、绣花楼，往东可抵碧云湖畔，往南隔青罗溪与相思洞相望。园中有小湖，湖中置石，石上建有八角亭，并用石质曲平桥将亭与岸相连，其布局构思之精巧，深得中国古典园林之真趣。内园的西面则是唐岳居住的地方——澄研阁，也叫"承雁阁"。澄研阁背靠方竹山，面向碧云湖，形成了真正背山面水的理想风水格局，清刘名誉的《雁山园记》中记载："精工绮丽，特冠全园。"

涵通楼东有长廊与碧云湖舫相连，使小湖与碧云湖舫一廊之隔，大小水面形成了对比，反衬碧云湖显得更大了。

涵通楼—碧云湖区域是园主居住、藏书、读书、会友的地方，唐岳将其10万卷藏书珍藏于涵通楼，可以说是广西私家藏书之最。《临桂县志》记载："其内藏书千卷。"可见当时涵通楼藏书之盛。

四、方竹山区及乳钟山区

方竹山南区及乳钟山北区均属于观景区，故合并叙述。方竹山山腰有一个长约100米的贯穿山南山北的溶洞，即桃源洞。桃源洞是一个典型的溶岩溶洞，洞内有水流流出，即青罗溪。青罗溪从桃源洞流出后，由南至北贯穿全园。园内主要建筑物，如涵通楼、澄研阁、碧云湖舫、棋亭等，都以方竹山为靠山，建于方竹山南麓，方竹山区可说是园中后院的后院，所以在此区域林木遍植，主要有方竹林和桃林，形成幽静的读书观景场所。

乳钟山区位于林子东北角，距离园中主体建筑稍远，该区域主要以植物景观及与植物相关的园林小品为主，构成一个相对独立的观景区。该区种有桂花林、梅林、莲花，为观景需要还建有桂花厅、桂花台、水榭、琳琅仙馆等园林小品。

五、乐章式空间布局

陆琦老师在《岭南传统庭园布局与空间特色》中提出岭南庭园的布局主要有四种：①建筑绕庭布局；②前庭后院布局；③书斋侧庭布局；④前宅

后庭布局。雁山园大致可归于前庭后院式布局。"前庭后院或前庭后宅是岭南另一种常见的庭园布局方式，庭园中的住宅大都设在后院小区，自成一体。宅居和庭园相对独立，各自成区，但没有实墙间隔。庭园区与住宅区的间隔，或用洞门花墙，或用廊亭小院，或用花木池水"。"岭南园林多在不大的范围和有限的空间内经营，因此造园力求通过空间的组合对比和渗透而获得层叠错落和曲折迂回，达到小中见大的感觉。岭南园林常以建筑物连廊和墙垣把园分隔为若干个园林空间的布局方式，特别在较为大型的园林中，由于空间关系比较复杂，往往划分出几个大的空间区域，造成园中有园的局面，各部分之间虽然相互连通，但又具有自己的特色，并保持着相对的独立性"。

唐岳以方竹山为依托，依山临水，修建了涵通楼、澄研阁、碧云湖舫、回廊、复道、桥亭、琳琅仙馆、桂花厅、八角亭、棋亭、花神祠、玄珠桥等。这些古典亭台楼阁高低错落，曲径通幽，富有节奏韵律。涵通楼、澄研阁、碧云湖舫这三大建筑物由复廊连接，东西长约100米，构成了一组气势宏伟的建筑群。

雁山园的空间布局犹如一幅山水长卷，又似一曲动人的山水乐章，这种乐章式的布局体现为入口区、次景区、主景区、尾景区的布局。

入口处，雁山别墅大门及门外水域拉开了雁山园的序幕，进入园后，经过绣花楼、公子楼，沿山边曲径到达稻香村区域。稻香村区视野开阔，瓜香稻黄，一派田园风光，是园景的前奏。从稻香村区进入涵通楼区域后，就进入了全园的精华区。

涵通楼区是全园的主景区，包括方竹山以北、碧云湖以西、青罗溪以东、桂花林以南的区域。该区以水为中心，既有平静的碧云湖，又有欢快的青罗溪，众多错落有致的建筑物临水而建。其建筑群以主体建筑涵通楼为中心，从涵通楼西望稻香村、东览碧云湖舫，园中主要建筑都在视野范围内。楼西南是背山面水的两层楼阁澄研阁，楼西北碧云湖畔有碧云湖舫，澄研阁与涵通楼之间用两层复廊相连。碧云湖旁的小湖中有八角亭——"钓鱼亭"，用石栏曲平桥与岸相连。澄研阁之南方竹山脚下有一六角亭——"棋亭"。

穿过碧云湖舫可到"红豆小院"，因院内有三株高大笔直的红豆树而得名。总体来看，涵通楼区的布局呈现出南密北疏的特点。涵通楼与碧云湖舫之间的长廊将碧云湖与小湖分隔，形成大小水面的对比，反衬出碧云湖的大，起到分隔与点缀水面的作用。整个主景区山因水活，水随山转，演奏出热烈欢快的乐曲高潮部分。

　　方竹山南坡及乳钟山北麓是全园的尾景区。该区域建筑布置较疏朗，散点式布局，以植物种植为主。方竹山遍植方竹，山南坡种桃林、李林，乳钟山北坡桂花厅旁种植桂花。该区主要建筑有方竹山的花神祠，乳钟山的桂花厅、丹桂亭、绣花楼、琳琅仙馆等。此区域以自然风景为主，山水相依，是纳凉、散步、读书的好去处，演奏着乐曲恬静、回味的尾声部分。

　　雁山园空间序列如图 6-10 所示。

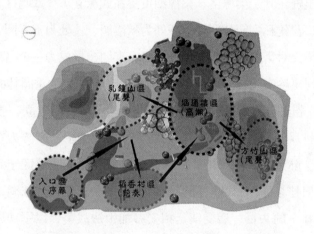

图 6-10　雁山园空间序列
（图片来源：自绘）

第二节　南宁明秀园

　　在广西园林留存下来的少数作品中，明秀园是南宁地区占地规模最大、园林保存最完好的一处。明秀园位于武鸣区，是旧桂系军阀陆荣廷从梁流廷处购得。明秀园原称富春园，由当地名流富绅梁源洛、梁源纳兄弟始建于清道光初年。明秀园方圆四五十亩，三面临江，园内古树参天、怪石嶙峋、亭阁相映，一派热带南国风光。陆荣廷买下富春园后，以其叔父的名字给园子命名，并进行了一番改造。1921 年，粤军打到武鸣，放火烧毁了明秀园的亭台楼阁。1963 年，郭沫若来到武鸣题诗一首："人间天地改，军阀付东流。明秀闻仍在，武鸣事远游。园荒林转茂，溪曲境愈幽。公社双桥好，灵源近可求。"[①] 现明秀园已开发为南宁市风景旅游区。

一、历史沿革

富春园为明秀园前身，为晚清时期当地富绅梁氏所建。据记载，清嘉庆年间，梁生杞考取举人，于河南沈丘等地任知县 20 多年，颇有积蓄，年老引疾还乡，出资让其子梁源洛、梁源纳负责在武缘县（今武鸣区）西郊西江河岸开辟荒地，营建私家园林两处，一处为秋霞园，一处为富春园，作为其晚年栖息之所。梁氏对富春园的规划设计是将富春园建设成为一个名副其实的花木园，足以体现出岭南园林求真务实的一大特征——尤其注重园林的实用性。

1911 年辛亥革命之后，广西提督陆荣廷宣布广西独立，投向革命，实际上却逐步排斥同盟会人员而逐渐走向军政集团统治。其势力在史学界通常称为旧桂系。陆荣廷，字干卿，武缘县垒雄村（现为武鸣区宁武镇雄孟村雷红屯）人，旧桂系军阀首领。陆荣廷幼失父母，青年浪迹江湖，流落至中越边境成为绿林军的头目，后受清廷招安参加中法战争，以军功屡获擢升。陆荣廷在广西执政 10 年，使过去动荡不安的广西出现了相对稳定的社会状态，"商乐其业，民安其居，四境清平，萑苻敛迹"，表明广西社会开始出现动乱被平息及社会复苏的现象。

1913 年，自诩"以武功鸣于天下"的广西都督陆荣廷决议将武缘县改称为"武鸣县"，在县城内大兴土木，兴建园林。民国四年（公元 1915 年），袁世凯自称洪宪皇帝，陆荣廷提升为耀武上将军。识破袁世凯的倒行逆施之

---

① 郭沫若.武鸣纪游.

近现代广西园林造园艺术研究

后，陆荣廷表面上拥护袁世凯，却称病回武鸣老家休养，建造主屋，修建园林。先建成"业秀公"园，取其先父陆业秀之名，后又从梁氏手中购得富春园，以其叔陆明秀的名义更名为明秀园。

陆荣廷也是一位十分注重享受生活之人，他曾在多年的戎马生涯中，广泛游历大河山川，因此在建造私园时，倾尽心力，主持设计，将各地园林精华融入自己营建的生活场所之中。陆荣廷尤其推崇江南私家园林的文人气息、园林景致，明秀园中的"荷风簌亭""别有洞天亭"取名参照苏州拙政园"荷风四面亭""别有洞天"。经陆荣廷修缮后的明秀园显得富丽堂皇、精致典雅，加之当时陆将军的威望，时人认为其是西南园林的代表作，是民国时期军阀私家园林不可多得的佳作，被称为广西名园之一。

二、造园特色

（一）选址得宜

明秀园选址于武鸣区西郊，是在富春园原址上建造，属《园冶》中所列之"郊野地"——"去城不数里，而往来可以任意，若为快也"。明秀园选址利用自然天成的地理优势，以水为边，摒弃墙垣，巧妙地营造开阔畅快的园林氛围。"凡结林园，无分村郭，地偏为胜"，明秀园地处郊野，远离城市喧嚣，园外碧水回环，园内山石散布，古木参天，自得一派山林野趣之味。

明秀园位于西江河畔，是西江河自然形成的九个半岛之一。西江水流流向由东至西，从交通功能考虑来看，南面各半岛与城镇中心的联系需要依靠桥等媒介实现，如春霞园中与明秀园相连接的索桥，而北面各半岛及城镇中心均与陆地相接，其中以明秀园所在半岛与武鸣中心距离最近，交通最为便利。西江河绕明秀园所在半岛形成一个水的弯道，半岛三面环水，水路便利，园林仅一面连接陆地，易守难攻，安全系数自然大大增加。

（二）布局精巧

明秀园将园林分为内园与外园两个部分，园林的布局依据自然地形展开，内外园以一墙分隔，内园建筑分布多且集中，植物较少；外园建筑少而散布，古木参天，植被茂密，林木幽静，富自然野趣，园林格局天成。若以功能使用对明秀园进行分区，在内外园的基础上可以往下细分为四个区。由北往南分别是入口区、北部建筑区、中部山石区、南部游览区。空间序列变化巧妙，先由入口门楼前广场的收，转入北部建筑区的一组建筑群的向心内聚的合，继而由内园进入外园，由内聚变为外向，景观空间过渡为半开放，中部山林景区怪石嶙峋，"有高有凹，有曲有深，有峻而悬，有平而坦"，景观视线时高时低，时收时放，尽显曲折尽致之情境。南部游览景区地势平坦，视线通透，景观空间最为开敞。明秀园的景观空间的构建遵从造园之理，"宜屏者屏之，宜敞者敞之"，各个空间转换自如，收放有序，景观层次丰富却不琐碎，既有片段之景，亦有全局之观，园林如画，余味无穷。

　　明秀园总体布局属于中国古典私家园林自然式布局，全园无轴线可寻，有大小不同的若干景点，各景点各有主题，或为古木，或为山池，或为石群，或为亭楼，随意布置，曲折迂回，景致随机，意境深远。园内有别有洞天亭藏于山林尽头，在中部山林景区的小径上，透过茂密的树林隐约可见别有洞天亭的暗红色的圆柱，渐趋渐近，亭门两块巨石形成天然洞门，其后可见亭身局部，仍不得全貌，亭翼然于石基之上，在天然石块与古木枝叶交织的缝隙中若隐若现，形成一幅"犹抱琵琶半遮面，千呼万唤始出来"的画面。明秀园平面图如图 6-11 所示。

图 6-11　明秀园平面图
（图片来源：自绘）

（三）建筑特色

　　园林建筑色彩在传统园林艺术意境的塑造中占有举足轻重的地位。它是最先引起观者视觉敏感的建筑要素，是建筑要素中最容易创造空间氛围和传递情感的元素。皇家园林建筑多为金顶红墙、金碧辉煌的殿堂宫苑，江南园林则是粉墙黛瓦、栗色梁柱的水墨天地，岭南园林整体多为青砖黛瓦，细部装饰色彩丰富，鲜艳明亮，门楼、文虎楼以黑白灰为主，用暗红色涂满窗框，点缀素色建筑，让人耳目一新。临岸的两幢专家楼用色以红、黄为主，红色瓦顶，黄色墙面，颜色鲜艳，自然色石头贴面或青砖布置线脚，棕色门窗，控制色调，沉稳大气。荷风簌亭用色最为大胆，黛色瓦面屋顶，山花以红、白两色相间，屋顶内用绿色，挂落为绿色边框深黄木雕，虽亭上部为红绿对比色，但因着墨不多并不显眼，红、绿、黄反而成为黑白灰基调的三抹亮色，掩映于苍劲挺拔的古木之间，如绿树繁花，复古而典雅。

门楼为陆荣廷购得园子后首先修建，门楣下有砖雕牌匾，上书"明秀园"，字体娟秀，制式古朴（见图6-12、图6-13所示）。门楼顶部有飞檐挑出，门楣上有双面砖雕，饰有花卉图案，门楣两端突出的墙体顶部有岭南特色元素——镬耳墙式样砖雕，亦可见徽派建筑的马头墙形象，整体色调为清雅的粉墙灰瓦。门楼上的装饰雕刻愈精细，内容愈丰富，愈能锦上添花，体现园主桂系军阀首领的磅礴气场，乃对其"耀武上将军"地位的炫耀。

图6-12　明秀园门楼

（图片来源：自摄）

图 6-13　明秀园

（图片来源：自摄）

第三节　玉林谢鲁山庄

一、历史沿革

　　谢鲁山庄位于陆川县乌石镇谢鲁村，原名"树人书院"，是原国民党将军吕芋农的岭南型园林别墅。谢鲁山庄占地 480 多亩，周长 5000 米。"庄内亭台楼阁，回廊曲径，依山构筑。所有房屋建筑均为砖墙瓦顶，保持着浓郁的乡风民俗。山庄的建筑布局依照苏杭园林特色，依山而建，迭迭而上，造型幽雅别致"。① 吕芋农原为清代贡生，后在黄埔军校受训。他既是一名国民党将军，也是一名知识渊博的学者，据传有藏书数万册。山庄大门两侧有这样一副对联："安得奇书三千车娱兹白首，再种名花十万本缀此青山。"这反映了园主人入世后又想出世的心境。吕芋农死后，树人书院充公，改名为谢鲁山庄，可惜园内的藏书已经被烧毁了。

　　1950 年，山庄被陆川县政府接管，更名为谢鲁花园。由于地理位置偏

---

① 玉林旅游网。

僻，长期不为世人所知，因而山庄基本格局和建筑物得以较完整保留。1980年庄园正式对外开放，且再次易名为谢鲁山庄，自此揭开了这一岭南园林的神秘面纱，并以其独特的魅力吸引着八方来客。山庄几经修葺，渐复旧颜。修葺所用木料均来自当地，景致仍保持了原貌，当年风骨依稀可见，素有"岭南第一庄"的美称。

二、规划布局

纵观谢鲁山庄的总体规划布局，充分体现了园主深厚的中国传统文化底蕴，表达了园主对自然的热切关注。

园主在选址上充分考虑了庄园的功能，更注重庄园的风水意义，可谓双重匠心。从功能上看，谢鲁山庄亦书屋，具藏书、读书之功用，因此选址于远离市井喧闹之处、幽静秀美之地，是适于潜心读书之所。自古以来，我国一些成功的建筑多强调"究天人之际，夺造化之功"，在规划设计上，或因地制宜，或因势利导，或乘势而上，或顺流而下，不拘一格，巧夺天工。考察中深感园主深明此味。谢鲁山庄的规划设计巧妙地按照地势高低，依山而建，迤迤而上。大门至半山亭为主体建筑群，高差约 200 米。全庄以"一至九"的数字设景，每数各建其景。一入小门，朴素平常，暗含一元复始之意；入二门后却豁然开朗，犹如世外桃源之境，此为中国传统园林欲扬先抑的典型造园手法，二重围墙，外种果树，内栽花草，取园中有园之意，得柳暗花明之效；三层建筑主体，寓意"三元及第"，低层迎宾，中层待客，上层读书；四方大门，寓意迎四方来客（但由于资金不足，四座大门目前并没有实现）；五处假山，意比五岳；六栋房屋，意六亲常往；七口池塘，暗示七面宝镜，供七仙女下凡梳洗之用；八座亭子，拟为八面玲珑，左右逢源；九曲巷道，寓意天长地久，九九归一。此外，庄内建有游门十二座，意指十二个时辰，循环往复，生生不息。从一至九，特别是门的设计，连接了各个景观位置的变化、转换，使山庄的内部建筑与外部自然景观形成自然的轴线，从而实现了建筑与自然、内部空间与外部空间的过渡衔接与融合。整个设计规划景景含情，处处寓意，集中体现了中国传统文化物我合一的思想理念。

谢鲁山庄的整体布局不仅强调客观地域环境的特征及其合理利用，还强调建造者主观心境的感受，即人与景的感应、人与物的感应和人与自然的感应。根据地域环境特征，合理确定功能结构，这是谢鲁山庄在布局上的一大特点。谢鲁山庄由南至北可分为前山游览区、主体建筑区、后山休闲区三个区。前山游览区主要是人工园林景观，通过水体、植物、道路来划分围合空间。主体建筑区又根据不同功能分三个层次，以迎屐、琅嬛福地为第一层次；湖隐轩、水抱山环处为第二层次；树人堂为第三层次。三个层次通过庭院空间的灵活组合创造出丰富的景观效果，不受轴线和几何形式的制约，随地势高低变化而变化。后山休闲区强调自然山野景致，利用岭南特有的荔枝、龙眼等特色植物打造"树上丹砂胜锦州"的园林胜境。庄内建筑独具特色。特色之一：中西合璧，体现特有的时代特色。岭南地区自海上丝绸之路建立以来，长期作为对外交流的阵地前沿，受到了外来文化的较大冲击。谢鲁山庄的建筑体现了当时中西合璧的建筑风格。拱券、山花等欧美建筑元素与亭、廊大量结合，在视觉上加强了纵深感，成为岭南园林建筑的一大特点。特色之二：朴素与典雅结合。整个山庄的建筑风格清新旷达、朴素生动、典雅庄重，没有过多的矫揉造作，只有灰墙黛瓦，绿树掩映。正如《庄子》亦言："朴素而天下莫能与之争美。"谢鲁山庄大门朴素庄重，没有富贾权贵的张扬跋扈，却略带有欧式风格的典雅与浪漫。山花下一牌匾上书"树人书屋"，人字多出两点，寓文武双全之意。谢鲁山庄的设计没有金玉满堂、雕梁画栋的藻饰，却在设计布局立意上颇见主人的机巧和匠心。特色之三：浓厚的书香气息。主体建筑区以迎屐始，以树人堂止。迎屐入口对联"砌屋依山开门对树，春风坐我丛桂留人"，这是一幅藏尾对，联尾"树""人"二字乃点睛之笔，与山庄大门所书"树人书屋"相映成趣，蕴含着儒家文化韵味。湖隐轩、水抱山环处为待客之所，也是山庄景观序列的发展。湖隐轩隐逸于眼镜塘、荷包塘之间。虽然建筑体量较大，但繁花密林遮掩，却也若隐若现，故而得名。

谢鲁山庄园林景观如图6-14、图6-15所示。

图6-14 谢鲁山庄折柳亭

（图片来源：自摄）

图6-15 谢鲁山庄大门

（图片来源：自摄）

第四节 与古为新的南宁园博园罗汉松园

作为世界风景园林的东方代表，中国风景园林历史悠久、独树一帜。目前风景园林界对待中国古典园林有两种截然不同的态度，其一是古典园林休矣论，其二是古典园林复兴论。前者将古典园林看作是无法融入现实社会的事物，否认发扬传统的积极意义；后者从弘扬民族文化的高度出发，强调继承古典园林，却往往拘泥于其表现形式。

中国风景园林现代之路既非否定传统，亦非全盘西化，更不是另起炉灶，而是坚持中华优秀传统文化与全球先进性的统一，从学科结构、功能、内涵中寻找实现"与古为新"的路径。"与古为新"出自晚唐诗论名家司空图《二十四诗品》，其思想的核心正是"尊古"的精神与为新的精神、创新的精神、古今共生共荣的精神。

南宁园博园罗汉松园运用抽象概括的分析方法，从空间和植物元素的特点出发，运用现代园林的设计语汇，对中国古典园林进行现代化转译。

第十二届中国（南宁）国际园林博览会，总面积约 658 公顷，位于广西南宁市五象新区五象湖公园，园博园通过生态保护、矿坑修复和海绵规划主打生态牌，园内 43.2% 的自然风貌予以保留，避免大挖大填。园博园罗汉松园是第一个广西本土罗汉松专类园。

罗汉松园布局展现了中国园林的自然山水之美，立意有宋徽宗艮岳的意向。园区分为东部、北部、南部三部分。北部以园林建筑为主，建筑形式为北京四合院。东部种植罗汉松，南部叠山理水，借助场地自然地形，展现山水之势。

罗汉松园基于宋代山水画式的景观营造手法对罗汉松园整体空间进行分割和引导，使其具有中国山水画的意境，注重景观营造意境。用散点种植、片状种植的罗汉松，利用其优美树形，营造"疏影横斜"的意境。在狭小空间内充分借助场地自身地貌，营造出"松林、庭院、山溪、峡谷、瀑布、峭壁"等景观。

第五节　湘桂古道园林建筑

桂林已有两千多年发展历史。早在秦汉时期，这里就成为西南边疆最早开发的地区之一。而交通是促进边疆开发的基本因素。城市的形成与发展并非孤立，与周边的自然与社会环境密切相关。交通乃古代社会的经脉，不了解古道的历史，桂林历史文化名城的创建就会受到制约。

湘桂古道是秦汉时期过南岭的主要通道之一，取道湖南，建灵渠沟通湘江和漓水（湘桂走廊）。唐代后，在南方各地开辟了众多驿道以维持交通。为适应新的形势需要，各地陆续栽种了适合南方气候特点的树种以保护驿道，荫蔽行人，且采取了很好的保护措施，绿化工作成效显著。宋代周去非在《岭外代答》中描述道："自秦世有五岭之说，皆指山名之。考之，乃入岭之途五耳，非必山也。自福建之汀，入广东之循、梅，一也；自江西之南安，逾大庾入南雄，二也；自湖南之郴入连，三也；自道入广西之贺，四也；自全入静江，五也。"

　　湘桂古道千载年间就是湖南至广西重要的陆上交通要道。古道经湖南永州市道县、江华瑶族自治县、江永县三县，分多线入广西。沿途保存着古城址、古兵营遗址、古桥、古亭、古街铺、古村落等共几十余处文物遗存。作为历史上曾经的繁华商贸通道的湘桂古道，在其传统的运输功能丧失后，包括其及沿线古村落及古镇的价值越来越被人们忽略。随着社会经济的转型，对古镇古村的保护列入国家"十三五"发展规划，上升为全局性的文化软实力竞争战略。

　　湘桂古道沿线包括典型的桂北古村庄聚落、和谐的农田肌理景观，聚合了桂北丘陵地带、河流、树林、村落等多元素，形成了"风、林、水、田、院、路"六美共生的桂北丘陵景观和文化符号，是重要的农业文化遗产。

　　古道建筑系统包括会馆、戏台、凉亭、墟镇、码头、渡口等，走进湘桂古道深处，"盛世"的符号十分鲜明，例如清康熙和乾隆年间修建的道路、桥梁、墟镇、会馆、戏台、庙宇等现留存数量最多。

　　古道是一种不可再生的历史资源。古道很长，分布很广，而列入保护规划的古镇古村数量却十分有限。桂林古道文化品牌需要精心打造。站在旅游业与文化产业的立

图6-16　罗汉松园建筑模型

（图片来源：自摄）

场，品牌设计既要符合历史实际，又要契合时代精神；既要具备岭南风格，又要有桂北民居风格。

湘桂古道上的熊村是中国著名古村落，隶属于灵川县大圩镇，始建于宋代。它是湘桂古道上的一个重要圩镇。湘桂古道在明清时达到鼎盛，后因铁路的开通而逐渐废弃，熊村也随着古道的废弃而衰落。

熊村街道旁的房屋建筑物错落有致，其布局独具风格，整体古朴典雅，有着浓厚的商业气息，具有一定的观赏价值。三街六巷，大小不一，街道路面或以石板或以鹅卵石铺砌成，干净整齐，两旁的居民房多为高墙深院，各家各户都建有铺台，独特的砖墙纹路，整体古朴自然，每家门前几乎都有一条小河穿过，颇具江南水乡风韵。古村落中古建筑物、街道的功能布局、结构样式、色彩装饰等方面和村中的民俗文化，具有一定的科学研究价值。熊村大部分古建筑都保存完好，至今还有人居住。村内有许多古老的水井，如土地井，至今还在为古村落发挥着它们实用的功能。

熊村大部分传统古建筑物都是明清时期保留下来的，结构以叠梁式木质为主，有青砖外墙，也有泥砖墙，整体古朴自然。部分房屋具有"欧式风格"的特点，每座古建筑物都见证了熊村的兴衰历史。古建筑物主要有祠堂、会馆和宗教等建筑，如熊村祠堂、李家宗祠、湖南会馆、江西会馆、万寿宫、上寺、下寺、黄堂寺等。根据当地人介绍，到了熊村必须要去"熊村最高处"，即万寿宫，到宫殿里"沾沾福气"，传说可以保人健康长寿，事事顺意。

图 6-17　熊村古民居
（图片来源：自摄）

图 6-18 熊村古民居

（图片来源：自摄）

第七章

现代桂林风景建筑

广西自然条件优越，拥有得天独厚的南方山水环境优势和浓郁的地方民族特色，如著名的桂林漓江风景名胜区曾在 20 世纪 60 年代迎来一批来自广州等地的专家进行系统的规划设计，这是一次成功而有意义的实践研究工作，但之后研究却被迫中断。此后的较长一段时间内，广西园林的研究滞后，与发达地区的差距也逐渐拉大。一直以来，广西的自然山水及历史文化缺乏合理的学术支撑及发掘利用，因此，加强对广西园林的研究，将有利于改善这一局面。

桂林不仅是一座在国际上名闻遐迩的山水城市，还是中国首批国家历史文化名城，自汉元鼎六年（公元前 111 年）建城，至今已有两千多年的历史，依然保留着山水城市的空间格局。作为国际级的山水文化城市，得天独厚的地理环境和人文气质为桂林传统风景园林的建设提供了优越的基础条件。桂林传统风景园林以桂林独特的历史文化和地理环境为基础，在继承传统岭南园林理景艺术的同时，又形成别具一格的地域特色和文化内涵。

风景建筑一般坐落在大尺度的真山真水之间，从功能上看，它们既是游人驻足欣赏风景的出发点，也是被游人欣赏的景观对象。

第一节　现代桂林风景建筑的发展

1958 年 2 月，中华人民共和国建筑工程部在北京召开了全国第一次城市园林绿化工作会议，之后，全国出现了一个风景园林建设的高潮期。1958年至 1965 年间，各城市新建了一大批公园，并建造了大量钢筋混凝土的风景建筑。其中，有大批的仿古式建筑，也出现了一些非仿古式的、体现现代风景建筑功能及钢筋混凝土构造的新式风景建筑，如广州的白云山庄旅馆和双溪别墅，桂林的芦笛岩休息室、伏波楼等。

从 1971 年开始，广州和桂林的园林建设得到迅猛发展，建造了许多现代风景建筑，如广州的越秀公园休息廊，桂林的杉湖岛水榭、蘑菇亭以及芦笛岩接待室，等等。1978年以后，全国各地的园林建设相继恢复，各大中小城市新建了一大批现代风景建筑，现代风景建筑成为20世纪七八十年代建造的风景建筑的主要形式。

最具代表性的现代式风景建筑当属广州白云山庄旅馆和双溪别墅。莫伯治在同期设计的桂林伏波楼与广州的双溪别墅有许多相似之处，它在半山依附峭壁而筑，居高凌空，俯视漓江。为取得较好的观景效果，设计者设计了悬挑的平台，另外在室内后部保留石山峭壁面貌。将自然引入室内的手法，使之成为建筑结合自然的佳例。

在现代风景建筑的创作中，尚廓扮演着十分重要的角色。他到1979年在桂林工作了十四个春秋，并在20世纪70年代设计了一批在全国有影响力的风景建筑作品，其中的杉湖湖心岛上的水榭及蘑菇亭极具创造性。这是一组以圆形为母题的建筑，简洁而生动，其完全没有先例可循的形式与自由布局彻底摆脱了对古代皇家和私家风景建筑的模仿，而蘑菇亭也创造了一种新的亭子的形式。自由新颖的风景建筑作品在桂林并不鲜见。例如，七星公园盆景园中的山水廊就是这种类型，设计者采用形式各异的自由形墙壁支撑游廊的屋面，墙壁以彩色水刷石装饰成壁画，取得了非常新颖的造型效果。

民居式风景建筑是中国现代风景建筑发展的另一个亮点。20世纪50年代末到60年代初，桂林兴建了七星公园和芦笛岩风景区。其中，芦笛岩休息室最突出的特点是对桂北民居的借鉴，桂北民居的干栏式结构，以及平缓的屋面、深远的出檐等特征经建筑师的简化、提炼，被很好地运用到新的风景建筑设计当中。在芦笛岩休息室的设计中，他们运用架空、两坡顶、挑台等设计手法，形成了兼具桂北民居神韵与现代感的新型风景建筑，并发展成为桂林风景建筑的一大特色。尚廓继承了这种探索，芦笛岩风景区内的接待室、水榭等一组建筑是其民居式现代风景建筑的代表作品。芦笛岩接待室仍然以借鉴广西民居为主，深远的挑台、架空的做法具有壮族民间干栏建筑的韵味；而芳莲池畔的水榭吸取了民居的长短边坡顶、阁楼和风景建筑旱舫形式的意趣，充分发挥了钢筋混凝土的特点，出檐深而柱子细又少，转折的薄板构成了坡顶、平台、墙体和栏板，体形丰富而轻灵。`

20 世纪 80 年代，随着经济形势的逐渐好转，复古式或仿古式风景建筑开始占据上风，到现在，已经很少兴建那种曾经风行全国的现代公园建筑了。近年来，随着城市更新速度的加快，那些诞生于 20 世纪 50 年代末至 60 年代初的城市公园和街头绿地等现代风景建筑在 20 世纪七八十年代处于被拆毁而逐渐消亡的命运之中，而公园建筑的创新也基本被复古所替代。

无论从中国建筑史的角度还是从建筑创新的角度，这批现代风景建筑都是一笔宝贵的遗产，在 20 世纪后半叶的中国建筑创作中，现代风景建筑在中国建筑的传统与现代化的探索中扮演了重要的角色，这些公园建筑对我们当今的建筑创作而言，仍然有许多值得借鉴的地方。通过对风景建筑构件和民居形式的转换，产生了新的形式，并保持了古典风景建筑轻盈、通透的空间意向；同时，由于大量采用预装配件的施工，它们以清晰的构造反映了中国传统建筑结构明晰的特点。

第二节　现代桂林风景建筑中的诗意传统

风景建筑中的诗意是指风景建筑展现人与山水（自然）相融并向审美境界提升的诗境显现，如"黄鹤一去不复返，白云千载空悠悠"的黄鹤楼；"落霞与孤鹜齐飞，秋水共长天一色"的滕王阁，建筑透过这样的优秀文笔早已超出了其有限的物质空间而达到无尽的审美境界。

一、外在直白的诗性

周维权先生认为园林作品好似一部诗书、一曲乐章，若遇上了优秀的园林，游园的感受也与读书听曲时吟唱美文佳句一样酣畅淋漓。审美过程中的通感作用，使游园者睹物生情，借由园中景物，游园者与造园者完成了一次思想的共鸣。书法审美的实质，也是以书法为载体对人的"精神关照"——"观物"即"观我"，"取境"而"会心"。这也迎合了钱锺书先生所说的中国传统美学精神之意蕴，"流连光景，即物见我，如我寓物，体异相通。物我之象未泯，而物我之情已契。相未泯，故物我仍在我身外，可对而赏观；情已契，故物如同我衷怀，可与之融会"。中国园林崇尚意境，园中的一切造景都具有一定的含义。例如，一池三岛，寄托了对海外仙山的幻想；朱柱碧瓦，显示了帝皇之家的富贵；暗香盈袖、月色满园，表达了对于安宁闲适生活的向往；岸芷汀花、纤巧野桥，体现了远离尘世喧嚣的追求；等等。园林意境的创造，主要依靠设计者对园林的整体和局部、宏观和微观的精心设计、巧妙安排，还可借助联想寓意、匾联点题等手法，使主体明朗，意境深化。

二、内在隐喻的诗性

内在隐喻的诗性不在于是"隐"还是"贵"，而在于"隐贵"的精神气质是什么。无论是"采菊东篱下，悠然见南山"的陶渊明，还是"明月松间照，清泉石上流"的王维，隐贵们田园山居的理想无疑是充满诗意的，这种诗意让他们的人格在官场内外的矛盾湍流中得以不断洗练升华。

诗意是一种境界，诗意是一种精神，山居又是诗意最好的空间载体，诗意山居是山居理想的最高境界。笔者认为，"新诗意山居"的景观气质正如"半山枫林"中的"一潭秋水"，是质朴的、淡然的。

三、多元文化的交融

20世纪50年代到80年代，在现代主义思想的影响下，一大批国内知名建筑学家，如夏昌世、莫伯治、尚廓等，开始尝试现代景观建筑与山水城市地域特征的结合，并不断反思和发展，考察该时期山水城市格局下风景建筑的学术背景与思想形成。

20世纪70年代，尚廓在广西桂林主持了一系列风景小品建筑设计，大胆整合现代主义美学、民居风格以及地方材料，探索了新的形式语言。他设计的芦笛岩接待中心地处山坡之上，建筑采用不对称的布局，结合底层架空，灵活适应地形，形成了轻盈、通透的空间意象，也展现了建筑师对场所和自然的尊重。在尚廓的主持下，桂林市建筑设计室完成了一系列的探索性作品。

第三节　山水城市格局中的现代风景建筑

在传统风景园林中，山、水是不可或缺的理景元素。明代文震亨在《长物志》中提出，园林的营造离不开山水泉石。所谓"水令人远，石令人古"，山水不仅给传统的风景园林创造了良好的生态环境，还带给人赏心悦目的自然之美和深远的人文意境。

桂林以其丰富的旅游资源闻名世界，因为拥有举世无双的喀斯特地貌和奇山秀水，自古就有"山水甲天下"的赞誉。桂林也是一座文化古城，在漫长的岁月里，无数的文人墨客写下了许多脍炙人口的诗篇和文章，刻下了两千余件石刻和壁书，另外，历史还在这里留下了许多古迹遗址，这些独特的人文景观，使桂林得到了"游山如读史，看山如观画"的赞美。

桂林游览景区的开发建设和旅游业的形成，经历了一个长期的发展过程。早在南朝时期，诗人颜延之于宋景平二年在任始安郡（今桂林）太守时对独秀峰进行了开拓。桂林作为中国不可多得的山水风景城市，城市的自然景观十分丰富。虽然从古代起，桂林就拥有一定数量的人文建筑景观，但是在战火中几乎毁坏殆尽。1945年抗战胜利后，桂林将城市定性为风景旅游城市，市政府即着手进行景观环境规划的建设。这一时期在公园、城市水体及道路景观方面的规划，对桂林现代城市景观的设计亦具有非常重要的影响。

一、芦笛岩景区的风景建筑

芦笛岩洞内石钟乳绮丽多采，千姿万态，居桂林各岩洞之冠，被誉为"大自然的艺术之宫"，是芦笛岩风景区的主要游览景点。目前，外景以芳莲池为中心，北有光明山天然屏障（岩洞所在），西有芳莲岭陡壁在立，东南则是良田千顷，桃花江蜿蜒于田野之间，几处村落隐约于茂林之内，展现在风景区面前的是田园景色，构成了芦笛岩的风景基调。

芦笛岩的风景建筑根据服务和观赏需要均匀地分布在游览路线上，各点水平距离约在五十多米至一百多米之间，各点之间的高差在几米至十几米不等，距离和高差都不大，可以减少游人跋涉之劳，避免一路的单调乏味。建筑虽然不多，但具有不同功能，可以满足游览服务的需要。各个建筑占据了适宜的地点和不同类型的地形，或傍山，或依水，或架空，建筑形态各不相同，它们参差错落地分散在不同的风景面上，既点缀了不同的景面，又具有各异的风景视野，并能彼此对应，互为对景。由于选点比较适宜，风景和其中的建筑都得到较好的表现。

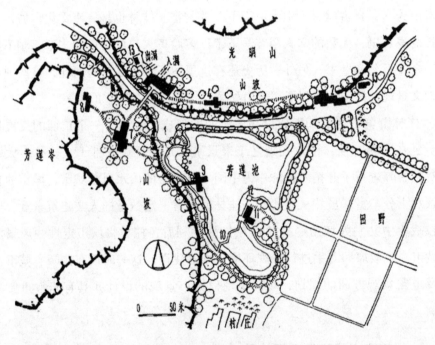

图 7-1　芦笛岩总平面图
（图片来源：自绘）

　　芦笛岩水榭位于芦笛岩方莲池中，平面呈十字形，建筑面积 230 平方米。建筑造型吸取了旱舫和民居形式。主体与驳岸用桥廊连接，贴水平台伸出水面，作为游船小码头，二层为阁楼形式。建筑体量虽小，但空间灵动，变化丰富，具有新岭南建筑风格。

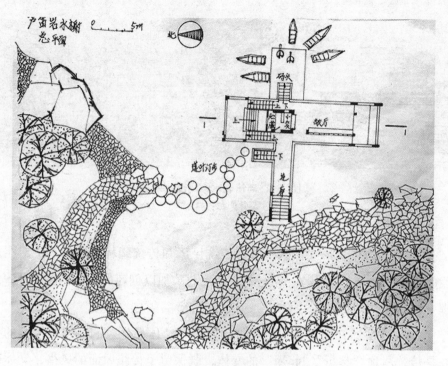

图 7-2 芦笛岩水榭平面图

（图片来源：自绘）

图 7-3 芦笛岩水榭效果图

（图片来源：自绘）

图7-4 芦笛岩水榭局部效果图

（图片来源：自绘）

芦笛岩的建筑形式借鉴了某些传统民居和传统园林建筑的手法，在现代的技术条件下（新结构、新材料、新工艺）加以创新的一种尝试，具体处理手法如下：

（1）采用浙江民居常用的两坡顶。餐厅、休息室及洞口建筑屋檐的折翘是传统屋顶"举折""起翘"的变体，既保留了传统屋面的风格，又体现了混凝土结构刚性的特点。

（2）吸取南方及广西民居的楼层、阁楼、栏杆出挑的特点，并以钢筋混凝土结构取代木结构。

（3）借鉴"楼船"及传统园林建筑"旱舫"的体形处理水榭，突出临水建筑的特点。

（4）建筑尺度、体量避免过大，使之与周围农村建筑的尺度大体一致，以表现自然风景为主。

芦笛岩的建筑设计是尚廓"古为今用""洋为中用""百花齐放""推陈出新"方针在如何继承我国优秀建筑传统并加以创造革新这个课题上的设计探讨，在这个过程中，考虑到芦笛岩特有的风景格调，又着意渲染了田园式的抒情意境，以使建筑风格与自然风景取得和谐一致，是我国风景建筑中的一处精品。

二、七星景区的风景建筑

七星公园位于桂林市七星区，范围包括灵剑溪以南，龙隐路以北，小东江以东，东江苗圃以西，是桂林最大的综合性公园。整个公园占地面积约134.7公顷，山体有普陀山、七星岩、辅星山、月牙山，流经的水系有小东江、灵剑溪。地形特征是以山为主，七星岩、路蛇山是公园的主要特色。公园内植物的种植以自然式为主。七星公园作为游览胜地已有一千多年的历史，早在隋代，在七星岩西洞口下就建有栖霞寺，宋代以来游人之盛可从唐、宋以来的摩崖石刻得到验证。七星公园面积规模较大，是以旅游、游憩等功能为主的全市性综合公园。公园有奇山、秀水、异洞、奇石，文物古迹众多，既是桂林现存最大的公园，也是桂林著名风景名胜公园，又是城市居民的主要休闲游憩场所之一。

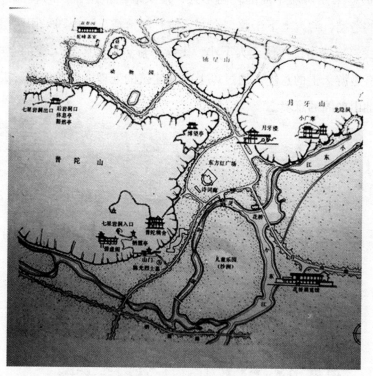

图 7-5　七星公园平面图

（图片来源：自绘）

公园内的风景建筑满足了服务、管理、公共及游憩等功能，园林建筑也综合了传统、现代的风格。风景建筑基址的选择充分考虑到占据有利于观景的地形地势，具备有特点的空间格局，建筑与地形地势及环境有机地结合，达到了建筑与自然的和谐统一。公园各主要建筑的选址，无论从功能使用、游览路线来看，还是从观赏效果来看，都是经过推敲的，有些是建在过去寺庙等的遗址上，也是长期筛选的结果。

在我国传统园林中，常用一些文学艺术的手段（如山、水、景区、建筑等的命名，匾额对联，诗文题刻，神话传奇，建筑造型，雕刻，绘画，等等）进一步将人们对山水的情感加以抒发，用以加强对意境的描绘，这是我国园林的独到之处。七星公园的某些建筑造型处理便考虑到如何表达山水意境的问题。

栖霞亭采用两层小阁的轻巧形式，墙头墙面采用云纹的装饰，门洞采用月牙的造型，游人上下于此，有穿云渡月的情趣。碧虚阁采用两层重槽飞阁的形式，层层出挑，使上大下小，上实下虚，好似浮现太虚的空中楼阁，使游人有遨游天上的意趣。通过以上两幢建筑的处理，创造出似云天中琼楼玉宇、仙山楼阁的意境。

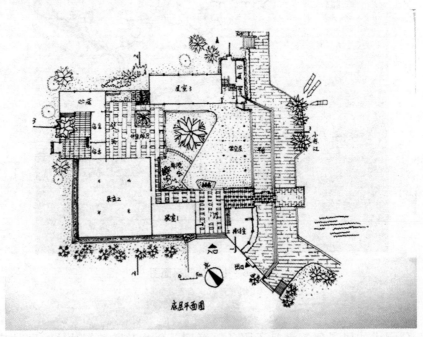

图 7-6 七星公园花桥展览馆平面图

（图片来源：自绘）

图 7-7　花桥展览馆局部效果图

（图片来源：自绘）

图 7-8　驼峰茶馆一角

（图片来源：自绘）

　　七星公园盆景园是公园中的一组用于盆景展览的建筑群，包括四个连续小庭院，庭院之间以围墙、隔墙、竹篱笆分隔空间并串联组织游览路线。盆景格架布置在隔墙及景观亭内，格架既能陈列及观赏盆景，又能成为建筑装饰的一部分。

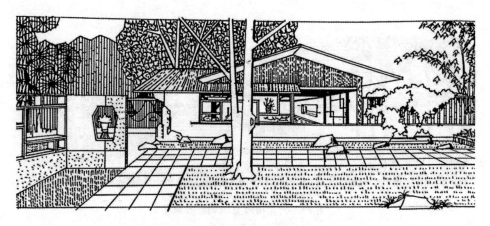

图 7-9　盆景园盆景格架

（图片来源：自绘）

　　盆景园中以一个小水池为中心，组织建筑空间，包括水榭、曲廊、山水廊。同时曲廊及水榭中也设置格架陈列盆景。

图 7-10　盆景园水榭效果图

（图片来源：自绘）

三、伏波山景区风景建筑

伏波山景区位于漓江西岸，东临漓江。伏波山山势挺拔，山南有伏波洞，洞内有试剑石。1964 年在山南麓建有茶室及游廊、接待室，形成一组山地庭院。

经过还珠洞拾级而上，可到达第一级平台，平台东南有游廊环绕，与北面挡土墙形成一个小庭院。顺游廊而上到达第二级平台，则可见茶室，二级平台设置露天茶座。自茶室经上山步道到达听涛阁。听涛阁为二层楼阁建筑，紧贴山石悬崖而建，形势险要。听涛阁也作为接待室使用，视野十分开阔。

听涛阁建筑外墙采用天然山石为主，与自然山体巧妙结合，质感、色彩都与山石协调统一，并与大玻璃窗形成虚实对比。

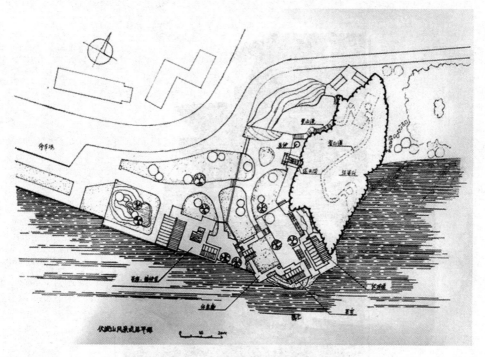

图 7-11　伏波山风景建筑平面图

（图片来源：自绘）

图 7-12 伏波山建筑群鸟瞰

（图片来源：自绘）

图 7-13　伏波山听涛阁效果图

（图片来源：自绘）

随着游人的日益增多，伏波山南麓茶室已不能满足人流需求，因此在平台南面增建茶廊及接待室。首层为茶廊，二层为接待室。建筑临江而建，抬高于驳岸，游人在此处休憩喝茶，视野更为开阔。

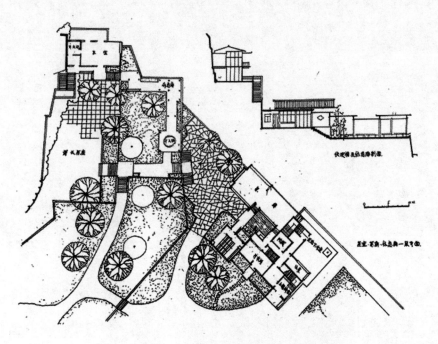

图 7-14　伏波山茶室茶廊一层平面图

（图片来源：自绘）

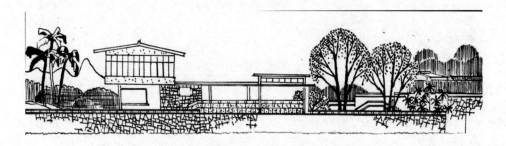

图 7-15　伏波山茶室茶廊南立面图

（图片来源：自绘）

第八章

广西园林与岭南名园的

比较分析

岭南园林根据地域类型可分为广东园林、广西园林、福建园林、台湾园林、海南园林等，其中广东园林是岭南园林的主流。桂林雁山园属于广西私家园林的代表，它虽然地处岭南地区，属于岭南园林范畴，在平面布局、筑山理水、植物配置等方面具有岭南园林的特色，但是由于雁山园主在造园思想上受到多方面的影响以及雁山园独特的地理条件，使它具有其他岭南园林所不具备的优势。

自鸦片战争后，西方文化经由岭南地区渗入中国，中西方文化发生激烈碰撞。岭南地区理性对待外来文化，提倡经世致用，以兼容并蓄、吐故纳新之态度接受外来文化，以滋养本土文化。民国时期的明秀园建筑深受西方外来文化的影响，在形制和装饰上体现出中西合璧的特色，入口门楼及内园文虎楼屋顶线条简洁，屋檐挑出深远，檐下立柱数根，形成建筑外廊，这是吸取外来建筑形式，结合岭南地区多雨气候条件的变形。此外，窗户上方的拱形装饰、拱券门等西方建筑元素亦可随处寻见。自20世纪50年代起，中国受苏联文化的影响开始表现在建筑方面，园内1号、2号专家楼建于1965年，是两幢完全参照苏联建筑形式建造的单层住宅楼。园内建筑建造时期大多不同，时序交替，每一幢建筑都以独特的建筑语言道出不同历史时期的时代特色。

广西以自然山水得胜，因景而成，得景随形，久负盛名。广西园林妙在巧于因借，多以自然的真山真水与园林相结合。广西园林大都选址于真山真水的自然环境之中，造园大都顺应地势，利用自然环境来构筑理想园林胜境。"得景"谓中国古典园林常用手法之借景，"园虽别内外，得景则无拘远近，晴峦耸秀，绀宇凌空，极目所至，俗则屏之，嘉则收之，不分町疃，尽为烟景"，即巧妙地利用园内外可借之景，如远山近水、古木繁花、亭台楼阁等。"随形"是因地制宜，把握重点，突显园林特色，以园内地形、花木、山石景观作为造园的基础，以建筑为眉目，在场地合宜之处建构筑物，表达出预想的境界，是谓"园基不拘方向，地势自有高低；涉门成趣，得景随形，或傍山林，欲通河沼"。

陈从周在《说园》中对郊野园林与市井宅园的风格曾有总结："郊园多野趣，宅园贵清新。野趣接近自然，清新不落常套。"计成在《园冶》中提道："郊野择地，依乎平冈曲坞，叠陇乔林。"雁山园、明秀园的建造皆遵循因地制宜、得景随形的原则，对古树不砍伐，对岸线不破坏，保留园内怪石峥嵘、山石林立，利用其得天独厚的自然景观，山林高处建亭以远观，遇低处凿池以疏浚，以得园林之野趣、质朴、古拙的风格景观。

第一节　经济文化的差异

园林在历史发展过程中以地理环境为骨架，以社会经济为前提，以人文环境为内在灵魂而呈现独特的风格。

清末民初，中国的上层富人（以皇室和军阀为代表）和下层穷人（以城市贫民和农村佃农为代表）之间形成了巨大的反差。一方面，富人们斥巨资兴建庭园别墅，过着声色犬马的奢靡生活；另一方面，穷人家徒四壁，陷入缺衣少食的悲惨境地。

广西的对外贸易出口，绝大多数都是通过西江转道广东而进行的。在园林建设方面，广西桂林的雁山园、武鸣的明秀园与广东的各大名园都有着相通的岭南园林的血脉。

第二节　造园尺度的差异

广西传统风景园林中很少出现人工的叠山理水，而是极力与自然山水相依，收揽真山真水的天然意趣。即便是在城镇园林中，也是尽量依河傍山，引自然山水入园，存其天然之势。桂林雁山园便是引园外之水，借雁山之山景，而获幽胜之境。广西传统风景园林通过自然山水和历史人文和谐相融，形成"可望、可行、可游、可居"的山水园林，反映着古人的哲学思想和人文内涵。

在造园尺度上，桂林雁山园、南宁明秀园都属于大尺度的郊野山水园林。桂林雁山园始建于清朝末期，至今已经有约150年的历史。雁山园由清朝临桂大埠乡绅唐岳所建，南北长约500米，东西宽约330米，全园占地面积约15万平方米。在广西现存的三座古典园林中，雁山园是修建得最早、造园造诣较高，具有真山真水的田园牧歌式的岭南特色古典园林。

雁山园虽地处岭南，但它同时具有郊野山水园林和江南私家园林的特征。雁山园地处桂林市南郊，占地面积约15万平方米，是城市私家园林不可比拟的。园内利用桂林的自然山水筑山理水，几乎不加以改造，没有桂林山水就难以成就雁山园。

第三节　雁山园与余荫山房的比较

现就雁山园和余荫山房在造园思想、园林规模、园林造景手法、观景方式、建筑装饰等方面作一个粗略的对比。

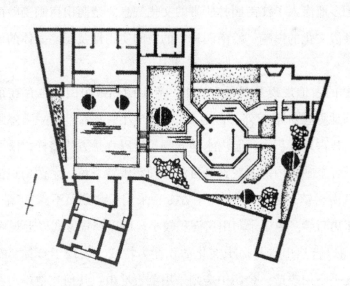

图 8-1　余荫山房平面图

（图片来源：自绘）

图 8-2　余荫山房浣红跨绿桥廊桥

（图片来源：自摄）

在园林的使用功能上，雁山园和余荫山房大体相同，都是为了满足使用者日常居住、休闲、读书、会友的功能。

雁山园园主唐岳熟读诗文，是桐城派姚鼐的再传弟子，在文学上小有成就。在造园思想上，唐岳受到儒、释、道三家及陶渊明隐逸思想的影响，在造园上更多地渗入了江南园林所带的文化气息。余荫山房则受岭南园林远儒文化和世俗文化的影响，岭南园林中的空间实用性及园宅一体的设计就是它的表现。

在园林的占地规模及观景方式上，雁山园和余荫山房也存在很大的区别。雁山园地处桂林市南郊，占地面积约 15 万平方米，是一座郊野山水园林。由于园林占地面积大，园内水面开阔，所以观景方式多样，既可近观又可远观，既可坐在亭内静态观赏又可泛舟动态观赏景色。余荫山房坐落于广州市番禺区南村镇，面积约 1590 平方米，采用了"藏而不露""缩龙成寸"的手法，布局巧妙。由于余荫山房面积较小，所以观景方式以近观为主。

雁山园以自然山水与历史文化的积淀为特征，表现于石林、石峰、溶洞之中，几乎不用改造。余荫山房则采用英石堆山、几何式池岸。在建筑装饰上，雁山园的主体建筑已毁，从现存的公子楼来看，其色彩素雅而少装饰细节。余荫山房的灰塑门楣、装饰的三雕三塑、色彩的蓝绿黄对比色、花玻窗等元素都是岭南园林的典范。

在植物景观运用上，两园也有其不同特色。雁山园由于其面积大，植物有原生树种，也有人工栽植的植物，并且以密林观赏方式为主，如园内的"五林"。由于唐岳建园前游历江南，并且受到《红楼梦》中大观园的影响，因此在植物的选择上，采用了许多江南园林中常用的传统植物，如五林中的桃、李、梅、竹、桂等。余荫山房的植物以四季常绿、四季有花为特征，园内植物品种繁多，郁郁葱葱，有棕榈类植物；有藤本类植物炮仗花、紫藤、簕杜鹃；有耐阴类植物蕉类、芋类、蕨类、葵类；等等，具有典型的热带和亚热带特征。

表 8-1　雁山园与余荫山房的比较

类　别	雁山园	余荫山房
功能性质	居住、读书、会友、休闲	居住、休闲
造园思想	归隐	远儒文化
园林规模	较大，约 15 万平方米	较小，约 1590 平方米
总体布局	没有中轴线，园林及建筑自然式布置	住宅附带园林
园林造景	以真山真水为造园骨架	以岭南石景及植物为蓝本
观景方式	动静结合，可游可居	以静观、近观为主
堆山叠石	利用喀斯特地貌形成的石林、峰林、溶洞造景	以英石散置点缀
理水	利用自然形成的湖、溪，水面大	掘地为池，水面小
建筑处理	建筑布局灵活，色彩淡雅	建筑布局紧凑，装饰华丽，色彩丰富
植物景观	自然与人工种植，以密林欣赏为主	人工栽植，岭南特色植物

第四节　雁山园与人境庐的比较

　　坐落在广东梅州市东郊周溪畔的人境庐，是清末爱国诗人黄遵宪的故居。人境庐取意于东晋大诗人陶渊明"结庐在人境，而无车马喧"的名句。人境庐由清末诗人黄遵宪亲自设计建造，距今已有一百多年的历史。庐内曲径通幽，花树掩映，建有花圃、假山、鱼池、卧虹榭和藏书阁等。黄遵宪在这里创作了大量诗歌，并自选和编订了《人境庐诗草》。至今庐中仍保留有其亲自撰写的对联，如会客厅对联"万丈函归方丈室，四围环列自家山"等。

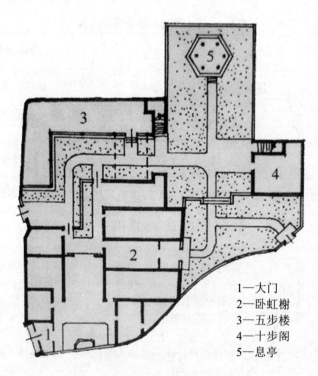

1—大门
2—卧虹榭
3—五步楼
4—十步阁
5—息亭

图8-3　人境庐平面图

（图片来源：自绘）

图 8-4　人境庐一角
（图片来源：自摄）

　　桂林雁山园大门上刻的"春秋多佳日（子实先生集陶句），林园无俗情（钟山陈澧学书）"是整座园林的点题。园主唐岳在我国众多的名著名句中，选中陶渊明成句来做雁山园的大门对联，正是表达了他对陶渊明式的田园生活的向往。楹联前半句出自《移居二首》，后半句出自《辛丑岁七月赴假还江陵夜行涂口》，原句为"园林无世情"。

图 8-5 雁山园大门楹联

（图片来源：自摄）

第九章

结语

清代晚期至中华民国时期，广西地区战火连年，大部分园林遭到严重破坏。因为当时桂系军阀的实力强大，得以保存下来的都是一批大军阀的私家园林，包括武鸣的明秀园、陆川的谢鲁山庄、临桂的李宗仁故居等。由于当时这些园林的园主多为财力雄厚的军阀首领、将士，因此其多为精心修建、环境清幽的园林佳作。

中国古典园林在经历了时代变迁之后经常被看作一项文化遗产存留，在当代的文化现实中，既能顺应时代的需求，又能发展、传承中国古典园林的智慧和精髓是面对西方思想冲击、实现文化可持续发展的必由之路。中国古典园林的根本是独特的空间创造和经营，无论是对实体空间的塑造，还是对精神空间的塑造，都体现在对多样的整体空间布局和局部空间的处理上，这也是古典园林值得我们深入学习的精髓所在。

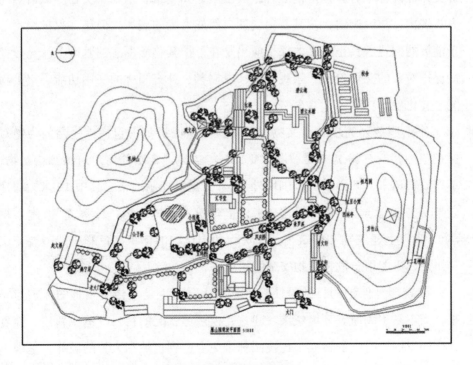

图 9-1　雁山园现状平面图

（图片来源：自绘）

桂林市是著名的风景旅游城市，也是国家历史文化名城。时至今日，人们关注更多的是她的自然旅游资源，而忽视了她的文化传承。雁山园是广西现存的三座古典园林中修建得最早、造园造诣较高、具有桂林山水特色的岭南古典园林。1998年，雁山园被列为桂林市文物保护单位。研究雁山园对研究桂林文化历史，尤其是桂林的园林发展史意义重大，恢复雁山园对于丰富桂林旅游资源构成也具有重要意义。雁山园经历了约150年的历史沧桑，园内主要建筑虽然遭到了自然和人为的破坏，但园内总体格局犹存，特别是自然的山、水、洞保存完好，保护和开发雁山园的任务迫在眉睫。

影响传统文化性园林保护和改造的因素主要有自然因素、人为因素、经济因素等。传统园林中的建筑大多为木材，容易受到自然因素的影响。鉴于雁山园的历史价值和艺术价值，根据古建筑"修旧如故"的原则，现阶段保护的目的就是尽量保持其原有的历史面貌。基本意义上的保护是指对传统文化性园林中有保护价值的各组成因素，如建筑、植物、文物等以恰当的方式展出，防风避雨，使其避免受到自然或人为的破坏。但是，保护绝不等于消极的搁置。真正意义的保护应当是在保护其物质形态的基础上，充分挖掘保护对象的文化价值、景观价值，以完善、补充园林的实用功能、审美功能、文化展示功能。

雁山园被列为桂林市文物保护单位后，保护范围包括：公园内为绝对保护范围，所有建筑格局不得改变，不得扩建、新建任何建筑物和构筑物，不得砍伐树木、开山取石。围墙外30米为建设控制地带，其中10米为非建设地带，10米至20米不得建7米以上建筑物和构筑物，20米至30米不得建13米以上建筑物和构筑物。建筑物和构筑物的体量、色彩、造型要与文物协调，不能用于危害文物安全的用途。

传统园林保护的目的是使其得到再生，再生是对传统园林的保护与完善，而不是不顾原有环境氛围、建筑、植被等状况的盲目改造或新建。随着社会的发展、时空的转换，传统园林难免会遭到自然和人为的破坏，呈现出破败陈旧的状况，为了完善和发展传统园林的实用和审美功能，有必要对各个阶段不属于文物的遗留物进行必要的梳理，使其得以再生。

雁山园有精巧的园林构思，有优美的自然环境，有15万平方米的园林面积，这在广西甚至岭南地区的私家园林中都是罕见的，研究、保护和开发雁山园应该得到更多人的重视，雁山园应该被列为省级文物保护单位。

对于雁山园的环境设计工作应以保护为主导，根据文物保护单位的规定，在雁山园内不得扩建、新建任何建筑物和构筑物。如何保护、改造雁山园，是值得探讨的问题。2006年彭鹏租下雁山园后，与桂林旅游股份有限公司等单位合作开发雁山园景区，从此雁山园进入逐步改造的新时期。先是把原来占据园区办学的广西桂林农业学校撤出了主园区，清理全园，随后对全园的建筑物进行了翻新，增加了垃圾桶、园灯、园椅等景观小品。但是，雁山园的开发和修复始终没有一个全面规划的设计构思，没有请古建筑和园林方面的专业人士对园林的保护和开发进行专业设计，园内的建设也由于资金投入不足而存在很多问题。在园内，我们痛心地看到玄珠桥上为了防止游人落水而增加的水泥栏杆，公子楼附近水面搭建的水泥平台，这些与整个园区的风格极不协调。

针对雁山园现阶段的权属问题，笔者走访了桂林市园林局的相关部门。根据园林局的介绍得知：中华人民共和国成立后，雁山园划归桂林市园林管理处管理。2006年，彭鹏先生以漓江画派的名义租到雁山园的使用权，广西桂林农业学校则迁移到方竹山后的地区，雁山园产权仍归广西桂林农业学校所有。目前，在雁山园内仍有多家学校，如广西艺术学院桂林校区、广西桂林农业学校、广西艺术学院附中等。

在雁山园的保护和实践中，笔者建议：

第一，尽快理顺雁山园产权关系，由桂林市园林局进行管理，保证能投入大量的人力、物力、财力到保护和开发雁山园中来。加强对雁山园的保护，清理雁山园内教学活动，使其不再受到破坏。

第二，精心设计，重现名园风采。雁山园有着得天独厚的自然山水条件作为造园底蕴，是具有江南园林和田园气息的岭南名园，应该在现有基础上请国内优秀古建筑设计团队对其进行精心设计，将其营造成一流名园。可根据清农代缙《雁山园图》恢复旧观，运用传统造园手法进行立意和布局。

建筑的比例尺度、细部结构等，全都本着"整旧如旧"的原则，再现昔日的风采。雁山园最具有岭南名园风采的时期应该是建园初期，也就是清代末年，所以，建议按照清末雁山园的规划布局来重现其名园风采。

第三，适当更新。在保护园内景观特征的同时，可以通过修复、添加等手段使古园适应新的使用要求。更新园内辅助景观设施，添加新的元素，但这些新元素必须与原有元素协调统一、融为一体。

当代风景园林设计中的文化传承，归根结底就是处理设计场地内外新与旧、传统与现代之间的关系，不管它们是隐性的还是显性的。就像彼得·拉茨在谈到后工业景观设计时所反复强调的那样，对待工业遗存（原置）首先是一个哲学问题，而不是设计问题，后工业景观设计的发展史充分说明了人类对于"原置"的认识还存在哲学上的拓展余地。我们可以把上述"三置论"中"原置"的概念延伸为某种意义上的传统，对于原置（传统）的态度也代表了一个设计师的哲学原点，对于其理解的深刻性有可能代表设计的某种先验性。我们也可以将"原置"的概念由纯物质实体意义延展到非物质的文化概念。葡萄牙建筑师西萨有句名言："没有场地是沙漠。"场地中即使没有物质性的遗存，非物质性的地区文脉甚至地域文脉有时仍是值得探寻的，对于设计同样能够产生深刻的影响。

结合中国古典园林对当代园林空间的阐释，"古今结合"是一个巩固古典园林空间认知和经营有当代性和中国性空间的良好途径。2007 年第六届中国（厦门）国际园林花卉博览会应邀设计的 8 个中外风景园林设计师的作品之一"竹园"，就很好地做到了古典和现代的融合，它是中国传统园林的现代诠释，它的形式语言与传统园林没有直接的联系，但带给人们的视觉转换和气氛体验与后者是相近的，反映了设计师对中国传统园林深层面的思考，也反映了设计师对现代美学的追求。

近观代广西园林造园艺术研究

参考文献

学术期刊

[1]   刘庭风. 晚清园林历史年表 [J]. 中国园林, 2004（4）：68–73.

[2]   陆琦. 应深入岭南园林的研究 [J]. 南方建筑, 1999（3）：83–84.

[3]   周海星, 朱江. 明清时期江南与岭南私家园林风格差异探源 [J]. 南方建筑,
      2004（2）：32–33.

[4]   唐俊. 雁山园建园年考 [J]. 桂林文博, 1998（1）：61–65.

[5]   李白凤. 柳亚子在桂林 [J]. 旧中国的文化教育, 2000（1）：4–5.

[6]   唐俊. 唐岳其人其事 [J]. 桂林文博, 1996（2）：64–68.

[7]   岳毅平. 王维的辋川别业论 [J]. 遗产评潭, 2004（6）：132–137.

[8]   陆琦. 岭南传统庭园布局与空间特色 [J]. 新建筑, 2005（5）76–79.

[9]   冯历. 岭南古典园林建筑布局与空间表现的研究 [J]. 大众科技, 2005（5）：
      24–25.

[10] 马福祺, 沈玖. 桂林雁山别墅的造园艺术 [J]. 中国园林, 1997（1）：4–6.

[11] 蔡军, 陈其兵, 潘远智. 浅析中国山水田园诗与自然式山水园林的关系 [J].
      西南园艺, 2004, 32（5）:41–43.

[12] 贾德华. 障景在园林设计中的应用 [J]. 安徽农业科学, 2007（9）：2591–
      2592.

[13] 孙莜祥. 中国山水画论中有关园林布局理论的探讨 [J]. 风景园林, 2013
      （6）：18–25.

[14] 董豫赣. 山居九式 [J]. 新美术, 2013（8）：77–87.

学术著作

[15] 周维权. 中国古典园林史 [M]. 北京：清华大学出版社, 1999：10.

[16] 陆琦. 岭南造园与审美 [M]. 北京：中国建筑工业出版社, 2005：3.

[17] 周苏宁. 园趣 [M]. 上海：学林出版社, 2005：23.

[18] 曹林娣. 中国园林文化 [M]. 北京：中国建筑工业出版社, 2005：64.

[19]　计成. 园冶图说 [M]. 山东：山东画报出版社，2003：33.

[20]　钱泳. 履园丛话 [M]. 北京：中华书局，1979:58.

[21]　陈从周. 中国园林 [M]. 广东：广东旅游出版社，2004：279.

[22]　程建军. 藏风得水 [M]. 北京：中国电影出版社，2005：23.

[23]　褚良才. 易经风水建筑 [M]. 上海：学林出版社，2005：5.

[24]　王君荣. 阳宅十书 [M]. 北京：北京理工出版社，2006：169.

[25]　龙彬. 风水与城市营建 [M]. 南昌：江西科学技术出版社，2005：1.

[26]　彭一刚. 中国古典园林分析 [M]. 北京：中国建筑工业出版社，1986：41.

[27]　杜汝俭，李恩山，刘管平. 园林建筑设计 [M]. 北京：中国建筑工业出版社，1986：1.

[28]　计成，李世葵，刘金鹏. 园冶 [M]. 北京：中华书局，2011:79.

[29]　苏雪痕. 植物造景 [M]. 北京：中国林业出版社，1994：25.

[30]　陈寿. 三国志·魏志·贾诩传 [M]. 北京：中华书局，2006.

[31]　童寯. 童寯文集（第二卷）[M]. 北京：中国建筑工业出版社，2001.

[32]　郭思. 林泉高致 [M]. 北京：中国纺织出版社，2018：29–30.

[33]　边留久. 风景文化 [M]. 张春彦，胡莲，郑君，译. 南京：江苏凤凰科学技术出版社，2017.

[34]　唐孝祥. 美学基础 [M]. 广州：华南理工大学出版社，2006：9.

[35]　金学智. 中国园林美学 [M]. 北京：中国建筑工业出版社，2000：424.

[36]　董晓华. 园林规划设计 [M]. 北京：高等教育出版社，2005：113.

[37]　周维权. 中国古典园林史 [M]. 北京：清华大学出版社，1999：10.

[38]　魏士衡. 中国自然美学思想探源 [M]. 北京：中国城市出版社，1994：58.

[39]　姜夔. 白石诗说 [M]. 北京：中华书局，1981.

[40]　朱立元. 美学大辞典 [M]. 上海：辞书出版社，2010.

学位论文

[41]　陈帅. 传统文化性园林的保护与再生 [D]. 四川：四川大学，2005.

[42]　池津. 浅析隐喻在景观设计中的应用 [D]. 北京：鲁迅美术学院，2013.

报纸文章

[43]　张迪. 雁山园：打造国际文化舞台上的高度标志点，[N]. 桂林日报，2009-01-04.